国家重点研发计划项目（2018YFD1100402）资助

土体渐进破坏过程初始不均匀性影响分析

侯世伟　李艳凤　张　皓　著

中国矿业大学出版社

·徐州·

内 容 提 要

本书系统论述了土体渐进破坏过程中的理论及模拟方法,对土体渐进破坏过程中不均匀性的影响展开了试验和模拟研究。本书首先,在改进静三轴试验系统的基础上,进行端部约束和初始缺陷的土样三轴可视化试验,获得试样表面应变场、破坏模式和过程;其次,利用数值方法模拟研究排水条件、端部约束、初始缺陷等不均匀性因素对剪切带的影响,探讨剪切带启动和发展机理;最后,进行数值模拟中应变软化和网格依赖性问题的研究以及边坡整体稳定性的分析。

本书可作为岩土工程专业本科生、研究生的参考用书,也可供从事岩土工程数值模拟和土体破坏及相关领域的科学技术研究人员及从事岩土工程设计、施工与监测等工程技术人员借鉴和参考使用。

图书在版编目(CIP)数据

土体渐进破坏过程初始不均匀性影响分析 / 侯世伟,李艳凤,张皓著. —徐州:中国矿业大学出版社,
2021.9

ISBN 978 - 7 - 5646 - 5137 - 4

Ⅰ.①土… Ⅱ.①侯… ②李… ③张… Ⅲ.①土—抗剪强度—土工试验 Ⅳ.①TU411.7

中国版本图书馆 CIP 数据核字(2021)第 191916 号

书　　名	土体渐进破坏过程初始不均匀性影响分析
著　　者	侯世伟　李艳凤　张　皓
责任编辑	何晓明
出版发行	中国矿业大学出版社有限责任公司
	(江苏省徐州市解放南路　邮编 221008)
营销热线	(0516)83884103　83885105
出版服务	(0516)83995789　83884920
网　　址	http://www.cumtp.com　E-mail:cumtpvip@cumtp.com
印　　刷	苏州市古得堡数码印刷有限公司
开　　本	787 mm×1092 mm　1/16　**印张** 9.75　**字数** 180 千字
版次印次	2021 年 9 月第 1 版　2021 年 9 月第 1 次印刷
定　　价	48.00 元

(图书出现印装质量问题,本社负责调换)

前 言

土是一种不均匀的摩擦材料,在荷载作用下土体内部的应力场也是不均匀的,先达到抗剪强度的质点发生剪切破坏,将超额的应力转嫁给附近的质点,这个过程表现为渐进破坏特征,最终形成宏观贯通的剪切带。土体的渐进破坏是岩土工程领域的基本课题,也是热点与难点问题,本书针对这一主题开展系统研究,主要内容如下:

首先,将 GDS 多功能静三轴试验系统与数字图像测量技术结合,进行不同应力路径的三轴试验,获得土样表面的应变场、试样破坏模式和破坏过程。在试验成果的基础上,从端部约束和初始缺陷两个角度提出了剪切带的产生条件,并从薄弱质点变形竞争的角度提出了剪切带的发展机制。

其次,利用数值方法模拟了平面应变条件的变形过程,研究了排水条件、端部约束、初始缺陷等因素对剪切带的影响。端部约束和初始缺陷是剪切带产生的外部条件与内部因素。初始缺陷随机分布时,试样内部不同方向剪切带的发展过程表现出的竞争机制与试验得到的结果一致。从能量释放的角度提出了剪切带的形成机理,并分析了剪切带内部单元的孔隙比、应力状态、应变状态等特性。

再次,针对应变局部化带来的应变软化和网格依赖性数值求解问题,引入阻尼牛顿因子以及联立求解位移和塑性乘子的算法,其中阻尼因子能够保持控制方程的正定性,实现软化问题数值模拟,联立位移方程和屈服函数方程能够同时得到位移和塑性乘子的解。在 D-P 模型中引入应变软化和塑性梯度项,梯度塑性理论公式采用等效积分弱形式表达,通过算例进行验证分析。

最后,使用局部阶梯折减法和梯度塑性理论进行边坡稳定性分析。

本书的出版得到了国家重点研发计划项目(2018YFD1100402)的资助,所涉及内容包含笔者在完成国家自然科学基金(51308355)和辽宁省自然科学基金(20170540736)期间的研究,在此向提供过帮助的单位及个人致以衷心的感谢。

由于理论水平和学识水平有限,不足之处在所难免,恳请广大读者批评指正。

著　者

2020 年 12 月

目　　录

第1章　绪论 ··· 1

1.1　渐进破坏概念和研究方法 ························· 1

1.2　渐进破坏问题的试验研究 ························· 4

1.3　渐进破坏问题的理论研究 ························· 6

1.4　渐进破坏问题的数值计算技术 ················ 12

1.5　本书主要内容 ······································· 17

第2章　土体渐进破坏不均匀性影响试验研究 ········· 19

2.1　引言 ·· 19

2.2　试验仪器开发 ······································· 20

2.3　土体剪切带模式试验研究 ························· 24

2.4　三轴压缩条件下土体渐进破坏过程试验研究 ········· 27

2.5　三轴拉伸条件下土体渐进破坏过程试验研究 ········· 47

2.6　端部约束和初始缺陷的不均匀性影响研究 ········· 52

2.7　本章小结 ·· 58

第3章　平面应变条件下土体渐进破坏过程模拟与机理分析 ········· 59

3.1　引言 ·· 59

3.2　数值计算的本构模型 ······························· 59

3.3　平面应变条件下土体剪切带的产生条件 ········· 63

3.4　平面应变条件下土体剪切带的形成机理 ········· 83

3.5　本章小结 ·· 88

第4章　土体渐进破坏的网格依赖性问题研究 ········· 90

4.1　引言 ·· 90

4.2 FEPG 简介 ……………………………………………… 91

4.3 阻尼牛顿法简介 ………………………………………… 93

4.4 算法积分弱形式推导 …………………………………… 94

4.5 平面应变试验算例 ……………………………………… 107

4.6 本章小结 ………………………………………………… 114

第 5 章 土体渐进破坏的边坡稳定性分析 …………………… 115

5.1 边坡稳定性分析与评价方法 …………………………… 115

5.2 局部强度阶梯折减法 …………………………………… 116

5.3 强度折减法中的失稳判据 ……………………………… 120

5.4 局部阶梯折减法边坡稳定性分析 ……………………… 123

5.5 梯度塑性理论边坡稳定性分析 ………………………… 127

5.6 本章小结 ………………………………………………… 132

第 6 章 总结 ……………………………………………………… 134

参考文献 ………………………………………………………… 137

第1章 绪 论

1.1 渐进破坏概念和研究方法

近年来,随着土木工程建设规模和数量的快速发展,工程事故频发,造成了巨大的经济损失,岩土体的破坏问题备受关注。另外,地震引发的滑坡等地质灾害数量众多、规模巨大,如 2008 年汶川地震诱发的地质灾害点就多达 5 094 处,其中滑坡 1 701 处,崩塌 1 866 处,泥石流 304 处,不稳定斜坡 1 093 处,其余地质灾害 130 处[1]。震后连续三年,尤其是 2010 年,灾区地质灾害的频率和规模均出现较震前显著增大的现象,汶川地震灾区共发生各类不同规模泥石流、崩塌滑坡地质灾害约 880 起,其中大规模群发性泥石流灾害就有 6 起。分析和研究结果认为,震后汶川地震灾区的地质灾害将持续 20～25 年[2]。

岩土体的整体破坏不是瞬间发生的,而是一个随时间发展逐渐扩展后形成的,表现出明显的渐进性。因此,深入研究岩土体的渐进破坏过程,不仅具有重要的理论意义,更具有工程应用价值。

Terzaghi[3]在 20 世纪 30 年代首先提出土体渐进破坏的概念,并用土体中不均匀的应力和抗剪强度的重分布解释渐进破坏的过程。岩土体由不均匀材料构成,故岩土体中应力分布并不均匀,加载过程中应力大的点先达到承载能力而出现局部破坏,破坏后的区域承载能力降低,将超额的应力转嫁给附近未破坏的土体,引起这一部分土体应力的增大而达到其承载能力,这一过程持续进行将导致土体的最终破坏,这一现象就是渐进破坏过程。土体因局部破坏发生应力释放、应力转移和应力重新调整,而导致破坏面不断地延伸,最后有两种可能:一种是破坏面完全贯通,土体加速滑动;另一种是破坏面没有贯通,停止在某一区域[4]。

土体渐进破坏过程可以分为三个阶段(图 1-1):第Ⅰ阶段是均匀变形阶段,土体受力较小,各点处的变形相对均匀;第Ⅱ阶段是变形集中阶段,由材料的初始不均匀导致而应变集中现象,这个阶段不同位置、不同方向的应变集中区域存在竞争机制；第Ⅲ阶段是宏观剪切带的形成阶段，即主导应变局部化区域确定后，变形集中在有限宽度的区域内，其他区域内土的变形有所回弹。土体内剪切带贯通说明土体完全破坏。边坡稳定性问题中的滑裂面就是典型的剪切带，自然界中存在不同尺度的剪切带，从岩土体中的微观剪切带（如裂纹、节理）到十几米甚至几百千米长的巨型剪切带（如断层、褶皱）。图1-2(a)所示为宏观剪切带贯通后造成的山体滑坡现象。在室内土工试验时，也可观察到土样的破坏过程常常伴随着宏观剪切带的产生，土样的剪切带如图1-2(b)所示。这些都表明，土体渐进破坏过程和应变局部化现象存在必然的内在联系。只有从理论上揭示宏观剪切带产生和发展的机理，合理判别土体的破坏条件，才可能准确地预测土体的破坏状态。

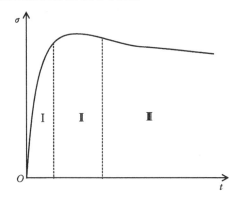

图1-1　土体渐进破坏过程应力示意图

(a) 三峡神农溪山体滑坡　　　　　(b) 粉质黏土剪切破坏

图1-2　土体渐进破坏实例

Tokue等[5]将渐进破坏类型划分为应变能释放和积聚型传播。外力作用下的应变积聚型传播可分为被迫型和自刺激型。其中，被迫型破坏继续传播是因为外力改变,而自刺激型破坏是外力未变而内部应力重分布导致破坏传播。

沈珠江院士[6]认为,土体的渐进变形破坏可归纳为减压软化、剪胀软化和损伤软化三种机理。减压软化由土的压硬性决定,剪切过程中围压降低时,孔压升高,剪切曲线会出现峰值和随后的应变软化。剪胀软化反映颗粒接触面状态的变化,相当于咬合力的丧失。损伤软化是颗粒间胶结破坏过程的反映。大多数土体或多或少具有软化特性,尤其是带有一定胶结特性的天然土和超固结土。土体中应力达到峰值而出现软化,实际上这三种机理常常同时存在。沈珠江院士同时也指出,现代土力学可归结为一个模型、三个理论和四个分支,其中三个理论:一是非饱和土固结理论;二是液化破坏理论;三是渐进破坏理论。这里的渐进破坏理论即描述荷载增加条件下土体真实破坏过程的理论,它的建立要运用损伤学、细观力学和分叉理论等现代土力学分支,最后的目标是要完成对应变软化问题和剪切带形成过程的数学模拟。

工程界认识到渐进破坏是一个变形过程是在 20 世纪 60 年代意大利瓦依昂大坝上游边坡发生滑坡之后,当时的专家认为破坏是由于峰值强度饱水下降到极低值,可是瞬间破坏机理不能解释滑坡的过程,研究表明边坡的失稳破坏具有渐进性和间歇性[7]。近年来,我国大型水利水电工程日益增多,所有的土木工程都存在变形和破坏的问题,岩土体渐进破坏问题研究的需求尤为突出。土体渐进破坏是一个过程,只有清楚应变局部化的启动和宏观剪切带的确定规律,才能充分利用这一过程的特性为工程服务。在工程施工和使用过程中,如果监测发现局部区域变形集中,应及时采取加固措施。此时土体开始进入渐进破坏的第 II 阶段,内部应变局部化区域没有贯通,变形不断积聚和竞争,整体破坏形式没有确定。当变形全部集中在某一有限宽度的应变集中区域时,说明主导剪切带形成,整体破坏形式已经确定,此时应及时避让,尽量减少灾害造成的损失。

土体渐进破坏问题的研究可采用试验研究、理论研究和数值计算三种研究手段。通过土工试验观察和测量得到在不同试验条件下土体的应力应变特性,然后基于已有的理论知识提出可以解释试验现象的理论,最后将理论研究成果运用到数值计算中去预测和再现试验现象,从而达到充分认识渐进破坏过程的目的。试验研究的重点在于发现并跟踪试样的剪切带启动和发展过程;理论分析要解决出现局部化剪切带的原因和土性在这个渐进破坏过程中的变化问题,为合理本构模型的建立提供依据;数值计算的难点在于解决有限元的软化计算技术和描述剪切带产生时遇到的网格畸变和依赖性问题。

1.2 渐进破坏问题的试验研究

1930 年，美国哈佛大学 Casagrnade（卡萨格兰德）研究用应力边界条件的圆柱形试样的压缩试验代替直剪试验，以确定土的强度指标。后逐步被完善和发展成目前广泛应用的三轴试验。它可以完整地反映试样受力变形直到破坏的全过程，因而既可作为强度试验，也可作为应力应变关系试验。此后，又陆续出现了进行土的动力试验的动三轴仪、进行高围压的高压三轴仪、对粗颗粒土进行试验的大型三轴仪、可以研究真三维应力条件的真三轴仪[8]和空心圆柱扭剪仪以及进行非饱和土试验的非饱和土三轴仪等仪器。

采用先进的试验仪器，针对渐进破坏问题，各国学者开展了大量的试验研究。Morgenstern（摩根斯坦）在 1967 年就描述了黏土直剪试验过程中应变和位移的不连续现象。张启辉等[9]基于平面应变试验研究了上海黏土剪切带的特性。Wanatowski 等[10]的平面应变试验结果表明，密砂或中密砂易于形成剪切带，而松砂试验没有形成宏观剪切带。Lade[11]、Chu 等[12]利用砂土三轴试验研究了土样失稳破坏与应变局部化两种模式的异同。Comegna 等[13]进行了受剪区域土体的重塑土三轴试验，结果表现出桶式破坏形式和带有剪切面的破坏形式。Chu 等[14]、Wang 等[15]进行了砂土真三轴试验，分析了应变软化与剪切带形成的关系。Sun 等[16]通过真三轴试验研究了砂土在不同应力路径下的分叉特性。宏观试验主要是得到不同条件的整体应力应变关系和变形破坏形式，试验和分析都将试样作为一点的应力状态来分析，不能解释土体渐进破坏的机理。

近年来，先进测试仪器和测试方法在土工试验中的应用使土体破坏过程的可视化成为可能，对于认识土的变形和破坏特性起到了重要的推动作用。张鲁渝等[17]采用霍尔效应传感器测试了土样的局部变形。Rowe[18]将应用物理中的 X 射线辐射成像技术用于追踪砂土在多种平面简单剪切中的变形发展过程。蒋明镜等[19]利用扫描电镜研究了结构性黏土剪切带及其周围土体的微观结构。Oda 等[20]通过光弹性颗粒材料试验得到孔隙率变化规律，发现剪切带处的孔隙率显著提高。细观光弹性颗粒试验的发展，不仅使得颗粒力学和塑性力学的一些基本理论得以发展，还直接孕育了以后影响很大的颗粒离散元程序 PFC(Paticle Flow Code)[21-22]。

随着高精度数码相机的出现和数字图片处理技术的发展，岩土试验研究进入了空前发展阶段。Rechenmacher[23]采用数字图像相关技术研究了平面应变和轴对称条件下,砂土中连续剪切带的触发和形成后的力学特性。Labuz 等[24-25]采用明尼苏达大学的平面应变试验仪器研究了贝瑞亚砂岩在不同围压条件下的剪切带发展,薄片的显微照片表明剪切带内孔隙增加是在 3~4 倍颗粒直径范围内,并没有延伸超过剪切带的裂隙尖端。Lin 等[26]将数字图像技术与空心圆柱扭剪试验结合,研究了高岭土的应变局部化特性。Nemat-Nasser 等[27]将射线照相技术和显微镜结合,分析研究了颗粒材料的应变局部化,对排水试验剪切带形成后的试样现场冰冻,经过切割和抛光处理后可直接观察剪切带内颗粒排列和测量相关变形。邵龙潭等[28-29]研制开发了用于土工三轴试验的试样变形数字图像测量技术。Alshibli 等[30]通过平面应变和三轴压缩试验对比研究了砂土中的应变局部化。

利用在美国国家航空和宇宙航行局(NASA)的航天飞机上的微重力环境下进行的 CT 扫描原位试验,可以获得与在陆地试验条件相似土样的试验结果对比,以研究颗粒材料三轴压缩下的变形机制。CT 图像经过处理可以清楚看到不同应力水平、不同高度截面的破坏面发展过程,还可以提取垂直截面和三维图像。Otani 等[31]用 X 射线 CT 扫描技术研究了由混合泥浆、水泥和泡沫组成合成的土无侧限压缩时的渐进破坏。Desrues 等[32]利用 X 射线 CT 扫描技术研究了砂土的应变局部化情况,得到了剪切带孔隙率演变情况,如图 1-3 所示。牟太平等[33]做了土坡离心机模型试验,通过摄像头对土坡的变化进行记录,并采用离心场非接触位移测量技术对录像进行分析,得到了整个加载过程中土坡的位移场。Peth 等[34]基于层析 X 射线照相法研究了土中水作用导致变形的局部应变分析方法,使用 3D 和修正分析灰度级别的数字图像重构研究了局部结构孔隙空间特性和局部土样变形。李元海[35]详细介绍了数字照相的原理及其在岩土工程试验中的应用。

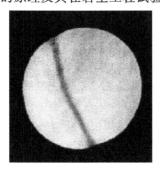

图 1-3　剪切带的 CT 照片

上述细观试验能够得到试样表面或内部的位移场和应变场，不但能够直观看到试样渐进破坏的过程，而且可以将试样作为一个构件来考虑，提取局部应变，分离出端部摩擦和材料初始不均匀的影响，是今后试验研究的发展方向。

宏观和细观试验研究的目的都是最终验证或改进土力学的描述方法、建立离散或连续的本构模型，用于理论分析和数值计算。所以试验不仅要求使用合理的测试方法获得变形破坏的信息，而且得到具有明确物理意义的模型参数同样重要。

1.3 渐进破坏问题的理论研究

渐进破坏理论研究的目标是最后要完成对应变软化问题和剪切带形成过程的数学模拟。如何解释软化现象和剪切带形成后土性的变化是理论研究的重点，使用正确的理论模型才能得到合理的数学模拟结果。

超固结黏土坡的渐进破坏是土力学中被最早关注的渐进破坏问题。刘爱华等[36]于1994年在边坡稳定性分析中引入了渐进破坏的概念，考虑材料的峰值强度和残余强度的不同作用，合理解释了破坏随时间的发展。周成等[37]对通常的滑弧法进行修改，以局部的安全系数取代常规的总体安全系数，近似考虑了土体的渐进破坏过程。杨庆等[38]对加筋边坡渐进破坏可靠性分析计算时只考虑等间距水平铺设的格栅提供的一个水平拉力，研究边坡体内局部破坏的产生、扩展以及对边坡整体可靠性的影响。Stark等[39]、Filz等[40]定性分析了实际垃圾填埋坡的渐进破坏过程。这些研究基本基于的都是可靠度的渐进破坏分析，将渐进破坏概念与极限平衡理论结合，并用严格的概率来度量边坡等问题的安全度。进一步可以建立边坡渐进破坏的随机模糊可靠度模型，考虑介质特性、孔隙水压力和荷载这些变量的随机性[41]和模糊性[42]的双重特性。这种方法的基本原理是初始局部破坏首先产生于滑面上局部破坏概率最大的分条，然后向渐进破坏概率较大的一侧渐进地扩展，或者停止破坏。当破坏扩展到一定阶段时，会产生整体破坏，对于那些已经破坏了的分条，其强度降为残余强度，剩余剪切力由未破坏部分承担，未破坏的分条仍具有峰值强度值。每一条块的安全程度用安全余量（即条块沿底滑面的抗剪阻力与剪力之差）来衡量。

基于极限平衡理论框架的渐进破坏分析方法概念清晰、工程应用便捷，但不能满足理论研究的需求，人为划分土条不能解释土体作为连续体的应力应变传递规律。鉴于传统理论在解释应变局部化现象的启动、剪切带形成后土体力学特性变化等方面存在的困难,学者们提出了一系列理论和方法,如分叉理论[43]、复合体理论[44]、非局部应变理论[45]、Cosserat 理论[46]、梯度塑性理论[47]等。针对数学模拟这些研究内容主要集中在两个方面:一是应变局部化的启动问题(即产生条件),这也是局部化的基本问题;二是产生应变局部化现象后土体的力学特性问题,本质上可归结为应变软化的描述和计算。

1.3.1　分叉理论

对于工程中的变形问题,无论是几何非线性问题,还是材料非线性问题,都可能存在分叉现象。岩土试样在剪切过程中剪切带的形成则可归结为材料非线性的分叉问题,即土体的应力应变关系产生分叉。如图 1-4 所示,土体的本构特性在 A 点产生分叉现象,可能沿着 AB 方向继续发展并表现为均匀变形的硬化趋势,也可能沿着 AC 方向发展表现为非均匀变形的软化趋势。分叉的物理含义为:引起均匀变形和引起变形局部化所需要做的功各不相同。达到分叉点时,两种变形方式消耗的能量恰好相等。此后变形局部化方式的耗能将小于均匀变形方式,结构最终以这一方式破坏。

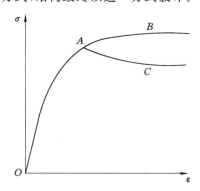

图 1-4　土体应力应变关系的分叉现象

按照有限元常规表达方式,离散体系由荷载增量 $\{\Delta q\}$ 引起的位移增量 $\{\Delta u\}$ 满足方程:

$$[K]\{\Delta u\} = \{\Delta q\} \tag{1-1}$$

对于一个稳定问题,上式的解 $\{\Delta u\}$ 应当唯一存在,出现分叉解的条件是:

$$\det([K]) = 0 \tag{1-2}$$

Hill[48]最早研究了弹塑性连续介质的不稳定问题。1964 年,Mandel[49]

对非关联硬化的 Mohr-Coulomb 材料进行研究,首先从理论上证明了土体这种本构特性分叉现象的存在性,当硬化模量降低到某一临界值时,将出现解的分叉现象。Nova[50]推导了剪切带形成条件及其倾角。钱建固等[51-55]基于分叉理论进行了大量研究,考虑轴对称条件和真三维应力条件土体的分叉特性,并引入本构模型的非共轴理论来分析土体变形分叉的失稳现象,认为分析平面应变状态的变形分叉问题时应考虑应力第三不变量对非共轴性的影响,基于有限变形理论推导了应变局部化产生的三维解析解,进一步建立了三维非共轴塑性理论框架,利用三维非共轴塑性理论预测土体的变形分叉状态。Borja[56]结合经典分叉理论和本构模型来捕捉破坏模式的端部,研究颗粒材料的不同破坏过程,尤其是岩土材料剪切带的形成。刘金龙等[57]采用分叉理论作为局部化判断条件,提出通过弹黏塑性软化模型来计算水工结构中剪切带的有限元简化算法。

分叉理论能够解释应变局部的启动原因,但是从分叉理论物理含义可见计算过程中在分叉点附近解的唯一性失去了保证,刚度矩阵"病态",难以得到正确结果。同时,分叉理论对剪切带的厚度和土性变化也都无法做出解释。

1.3.2 Cosserat 理论

Cosserat 理论假定材料为均匀直径的球状或棒状颗粒的集合体,颗粒除了移动还有转动,所以需在原来对连续介质定义的应变上补充旋转项,相应地需在应力上增加力偶项,因而该理论被称为偶应力理论或微极理论。

Cosserat(科瑟拉)兄弟根据非对称弹性理论于 1909 年建立 Cosserat 连续体理论,当时并没有引起人们的重视。由于分叉理论的不足,一些学者考虑使用 Cosserat 早年提出的粒状材料理论研究剪切问题。Muhlhaus 等[58]使用 Cosserat 理论预测了土的剪切带倾角和厚度的演化。Tejchman 等[59]把 Cosserat 的力偶项引入到增量非线性理论中用于剪切带问题计算,结果认为剪切带厚度随颗粒直径增大而增加。李锡夔等[60]推导出压力相关弹塑性 Cosserat 连续体本构模型的一致性算法,并在平面应变条件下再现了变形局部化带的形成过程。Li 等[61]将 Cosserat 理论用于 D-P 软化模型中,消除了应变局部化数值模拟时的网格敏感性,并用于边坡稳定分析中。

目前 Cosserat 理论已经被延伸发展成一种广义连续体理论。Mindlin[62]将连续介质中每一个物质点看作一个胞元,它不仅随连续介质做宏观运动和变形,自身还有微观位移和微观变形。这种在本构方程中引入了位移的旋转梯度还考虑了位移的拉伸梯度的理论,统称为应变梯度理论。Fleck 等[63-64]

建立了偶应力-应变梯度弹塑性理论,通过引入材料长度参数[65-67]建立了与微缺陷之间的关系。如果材料长度参数与试件尺寸相比可忽略不计,偶应力-应变梯度理论可自动退化为传统连续体理论;如果材料长度参数与试件尺寸相当,这些理论则可以解释传统连续体理论所不能解释的一些微细观现象,可以用来研究大变形的微压痕和断裂问题。

应变局部化数值计算中一个主要的问题是单元尺寸敏感性问题,当应变局部化产生时拟静力荷载下的控制方程将失去椭圆性,这种椭圆性的丧失将直接导致数值分析结果"病态"地依赖于有限元单元尺寸。Cosserat 理论的计算结果没有单元敏感性,随着单元数目增加会收敛到一个比较合理的结果。其主要缺点[68]是:转动自由度只有在剪切荷载作用下才有效,在纯拉条件下偶应力为零。数值分析表明:当凝聚力降低导致的破坏优于摩擦型破坏而占主导地位时,Cosserat 效应通常很小,这时就不能保证边值问题控制偏微分方程的椭圆性。

1.3.3　复合体理论

针对渐进破坏过程中宏观剪切带形成后材料性质的变化,Pietruszczak等[44]提出了复合体理论,把剪切带看作与原土体不同的另一种材料,然后把包含剪切带的单元当作由两种材料构成的复合单元,求出其平均的模量矩阵,再按此平均模量进行有限元应力应变分析。之后 Pietruszczak 又将其推广到不排水饱和土体中。基于局部坐标的应变定义虽然比较容易理解,但为了便于推广到三维情况,黄茂松等[69-70]给出了一种基于整体坐标的应变局部化的复合体理论,将剪切带内的应变直接用整体坐标来定义,通过对剪切带内外土体力学特性进行均一化处理来描述含剪切带土体的宏观力学特性进一步给出了整体坐标系下应变局部化的复合体理论的另外一种形式,这种形式中剪切带材料的本构方程仍然定义在局部坐标系中,通过坐标变换的方法来实现。Hazarka 等[71]发展了复合体理论,假定一个单元内存在相交的双剪切带,求其相应的平均化应力应变关系,以用于挡土墙后土体渐进破坏分析。

1.3.4　梯度塑性理论

传统本构理论认为,一点的破坏只与该点的应力状态有关。有限元划分的单元越小,剪切带就会越薄,就会得出破坏时能量耗散趋于零的错误结果。为了使能量耗散保持常量,Bazant 等[72]引入与颗粒尺寸类似的特征长度,让某点的应力与以特征长度为半径的范围内各点的塑性应变之间建立关系。这就是塑性应变非局部化的思路,简单地说就是塑性乘子不是对一个单元进行计算,而是由特征长度范围内所有单元加权得出。考虑相邻应变影响的另一种思路是在应力应变关系中加入塑性应变的梯度项,这就是梯度塑性理论。

梯度塑性理论同经典塑性理论的主要区别是将软化参数的梯度引入材料的屈服模式,从而使一点的屈服不再仅与该点的软化参数有关,还受到相邻区域软化参数的影响。在硬化规律中除硬化参数 h 外还加入硬化参数的散度项,则屈服函数可写为:

$$f(\{\sigma\}, h, \nabla^2 h) = 0 \qquad (1-3)$$

任一点影响域的尺度,将由所给定的材料内在特征长度决定。当材料的某一点上出现塑性应变时,依据这种理论,该塑性应变总要扩展到一定的范围。对于非均匀应力的情形,则在开始时可能塑性区较大,继而发生塑性应变的集中,而这种理论将阻止塑性应变集中的无限发展。在任何情况下,如果单元的尺寸较小,则塑性区将跨越多个单元而不再仅仅局限于一个单元。由于塑性区的大小总是一定的,从而用不同的单元网格进行计算时,我们将总是会得到稳定的荷载-位移关系曲线。

1984 年,Aifantis[73-74]考虑了剪切应变的一阶、二阶导数对剪切应力的影响,成为梯度塑性理论的雏形,后来他又进一步在非弹性本构方程中引入了描述非弹性变形的内状态变量的某种梯度,在材料模型中引入内部长度参数。以这些开创性工作为基础,越来越多的学者开始研究梯度塑性理论,包括解决计算方面的应变局部化问题以及将梯度理论与其他理论结合。Lasry 等[75]在应变-位移关系中引入了位移的高阶梯度项。Muhlhaus 等[76]明确地从非局部理论的角度出发推导出梯度塑性理论,并将之应用于应变局部化算例,该梯度塑性理论与 Fleck-Hutchinson 的偶应力-应变梯度理论有一定的相似之处,且都能解释尺寸效应和避免网格依赖性。Sluys 等[77]认为,应变软化时应变梯度项的影响将变得十分重要,因此他们对这种梯度效应做了简化,即在不改变传统塑性理论框架的基础上仅在屈服函数中考虑应变梯度项,为了求解相应的非线性微分方程,除了将位移在空间离散,还利用一致性条件(相容条件)将塑性乘子在空间进行了离散。

梯度塑性理论在数值实现方面的主要困难在于软化模式中塑性应变的二阶偏导数难以计算。为克服这一困难,宋二祥[78]建议将该二阶偏导项用积分来代替,这样便可以在求解边值问题的总体迭代过程中,利用上次迭代所得结果来进行计算,而不再有精度问题。De Borst 等[79]进行了梯度塑性理论的推导,基于 Mises 屈服准则,采用罚函数方法推导了只需满足 C_0 连续的混合元公式,对一维和二维的边值问题进行了数值模拟,使用三角形和四边形梯度塑性混合元等进行了应变局部化现象的模拟。Knockaert 等[80]将 Andrieux 等[81]提出的非局部化方法进行了理论推导和数值实现,其内部变量是微观和宏观均质化的结果,进行了带有损伤的弹性有阈和无阈算例的分析。李锡夔等[82]提出了考虑有限应变和应用混合应变元的梯度弹塑性连续体有限元方法,塑性乘子并不取作为独立的全局未知量,解析地导出了梯度塑性下一致性单元切线刚度矩阵和速率本构方程的一致性积分算法。De Borst 等[83]建立了一个考虑黏性效应与梯度塑性的本构模型。Hattam-leh 等[84]将塑性本构屈服面方程的流动应力用一个有效塑性应变的高阶梯度进行修正,高阶梯度项系数是颗粒大小、平均围压和塑性软化模量的一个函数,并将梯度本构模型嵌入 ABAQUS 用于模拟干砂双轴剪切试验,基本解决了网格依赖问题。Manzari 等[85]将梯度塑性理论引入无网格法的环境,进行了基本理论和公式的推导。Hashiguchi 等[86]提出了能够描述应变率的扩展梯度弹塑性本构方程用于预测剪切带宽度,结果表明应力应变依赖于材料参数,剪切带的宽度由表征不均匀变形的梯度参数决定。朱以文等[87]在 ABAQUS 中引入了一种 8 节点缩减积分的梯度塑性单元,在边坡剪切带的计算中消除了经典有限元计算的网格依赖性问题,可以得到正确的荷载-位移曲线和稳定的剪切带宽度。Chen 等[88]提出一个新的应变梯度理论硬化法则,保持传统 J_2 变形理论的增量形式并遵守热动力学的限制,用内部变量来表述切线模量,不用高阶应力、高阶应变率或者额外的边界条件表述增量平衡方程问题。Chen 等[89]提出了用于推导出平面应力变形中应变梯度塑性理论的控制方程和边界条件的一个系统方法。在三维应变梯度塑性中将位移、应变、应力梯度和高阶应力扩展到出平面方向厚度的幂级数,平面应力条件即出平面方向厚度为零时获得的控制方程和边界条件。Mroginski 等[90]将热力学与梯度理论结合进行饱和多孔材料变形和应变局部化的研究,根据当前的围压和饱和水平描述破坏模式的转化点,推导了排水条件和不排水条件下不连续分叉的局部化的指标。Mughrabi[91]对应变梯度塑性理论进行了整体概述。

梯度塑性理论引入了材料的内部特征参数,它的物理意义和测量都是梯度塑性理论发展的一个极其重要的课题,通常认为与颗粒的粒径相关,虽然内部特征参数的合理选取还有待研究,但在渐进破坏过程中考虑了土体的材料性质,同时能够克服单元敏感性问题。在数学计算的求解方面目前主要有两个方向:De Borst 等[92]的思路是用 Galerkin 有限元法对屈服函数离散,与位移方程加在一起计算,将塑性乘子作为独立变量求解时需要规定边界条件,如将法向梯度等于零作为边界条件;另外一些学者不是把塑性乘子作为独立变量,而是只求解位移方程,在形成刚度矩阵时把梯度项引入弹塑性矩阵,但这种方法对单元连续性有要求。

综上所述,理论研究的发展方向是发展更接近真实材料性质的实用模型。岩土在均匀变形条件下,利用小变形假设是恰当的,但当岩土剪切带产生后,小变形假设已经不再成立,只有用大变形理论才可能更客观地描述问题的实质。研究渐进破坏问题实质上是研究岩土介质的一种真实破坏过程。基于传统连续介质力学理论难以反映岩土介质破坏过程力学性质的变化,因此有必要对传统模型进行完善和推广,将细观力学模型与宏观本构模型联系起来,发展综合各种理论优点的复合理论。

1.4　渐进破坏问题的数值计算技术

随着计算机技术的飞速发展,数值模拟已经成为科学研究中必不可少的一部分。目前岩土工程领域数值计算方法包含有限元法、有限差分法、离散元法等,各种通用软件包括 ABAQUS、ANSYS、FLAC、PFC、UDEC 等。有限元方法以其理论基础坚实、适应性强等特点被广泛应用。数值计算的结果强烈依赖于使用的本构模型和求解算法。在土体渐进破坏过程的模拟中,应变局部化或宏观剪切带形成过程必然伴随着应变软化现象,而数值计算软化问题也经常遇到网格依赖性问题和网格锁定问题。针对这些问题,目前有改进本构模型和改进有限元计算技术两个研究方向,改进本构模型包括使用能够考虑应变软化的土体本构模型[93-95]和引入渐进破坏理论[96-97];改进有限元计算技术是指改进或者提出新的数值计算技术,使之能够计算应变软化和克服网格依赖性。

1.4.1　自适应有限元法

采用固定的网格计算应变分布极不均匀的应变局部化问题,常规有限元计算必定精度不高。Zienkiewicz 等[98]首先提出通过自适应技术来自动更新有限元网格,通过不断细化网格满足计算裂纹和大变形等问题的要求。

自适应技术可分为三种:h 型是逐步加密有限元网格剖分,p 型是逐步增加各单元上基底函数配置的个数,hp 型是上述两种方法的综合[99]。Babuska 等[100-101]对 p 型有限单元的形函数进行优化,并用共轭梯度法和多重迭代法求解 p 型有限元线弹性问题。Rahulkumar 等[102]用 p 型有限单元法求解应力集中问题,利用位移置换的技巧来计算应力集中因子,可以模拟奇异项和常数项。陈胜宏等[103]提出二维弹性问题的 p 型自适应分析策略,并将 p 型自适应有限元方法归纳为全域升阶方法、单元升阶方法和自由度升阶方法等三类。Belytschko 等[104]使用 h 型自适应有限元方法计算动力问题。Zienkiewicz 等[105]和黄茂松等[106]将提出的自适应网格技术应用于动力荷载情况与饱和多孔介质中,并将动力固结的分步时域解法与自适应技术结合起来,大大提高了自适应分析的计算速度。Askes 等[107]使用任意拉格朗日欧拉网格重划方法研究了应变局部化现象,能够捕捉复杂的多裂纹形式。Khoei 等[108]将 Cosserat 理论和 h 型自适应网格重划策略结合,这样能够得到有限宽度的剪切带,且荷载-位移曲线均匀收敛于细化网格。

在变形局部化数值模拟过程中,剪切带内存在应变二阶梯度项,应变较大,导致单元网格过度扭曲,造成网格自锁现象。这种锁死现象就是由于低阶的形函数不能完备地描述某个高阶的位移模式所引起的。不同单元表现出不同的锁死情况,包括体积锁死、剪切锁死等。例如,对于不可压缩材料(泊松比 0.5)或者近似不可压缩材料(泊松比大于 0.475),常规单元模式确定平均压应力是比较困难的,有限元计算弹塑性材料大变形时,当塑性变形与压力无关时,塑性流动是体积不变的,此时与不可压超弹性材料一样,会引起体积锁死。

自适应网格技术能够有效地解决网格锁定问题,但仍然无法克服计算结果对单元尺寸的依赖性,尽管在一维条件下被证明是可行的。自适应网格技术没能考虑材料的力学特性,只是从数值计算的角度来解决网格自锁问题,而对于软化材料遇到的网格敏感性问题仍然无法克服。同时自适应技术需要不断地细化网格,由于岩土结构的特殊性,即广泛存在的节理、断层、软弱夹层等结构面,会带来计算量大和前处理难的问题。

1.4.2 无网格法

在有限元计算中不断地进行有限网格重新划分不但大大地增加了计算时间,而且对于有些问题单单重新划分网格并不能完全解决。1994 年,Belytschko 等[109]提出了无网格法。无网格法(自由网格法)是对一个问题域建立离散的系统方程时不用事先定义网格的一种数值方法。按照消除残差的方式,无网格法可分为两类:一类在节点上消除残差,称为配点型无网格法;另一类在域内或者边界上消除残差,称为积分型无网格法。配点法计算速度快,但精度和稳定性差,特别是在复杂边界上会产生非常大的误差;而积分型无网格法精度和稳定性都更好,比较成熟的伽辽金型无网格法(如 EFG、RKPM)已经在计算大变形问题上取得了很好的成果。但是积分型无网格法整体弱形式的积分需要背景网格来实现,严格说不是完全的无网格法,而且需要的积分点很多,计算效率较低。无网格局部彼得洛夫-伽辽金法(MLPG),无论变量插值或弱形式积分都不需要网格,是一种真正的无网格法。张希[110]将 MLPG 推广到超弹性和超弹塑性材料的大变形问题,并模拟了弹塑性大变形中的剪切带问题。黄哲聪[111]将无网格法与广义有限差分法结合,提出了无单元伽辽金有限差分法(EFGFDM),这种方法极大地加快了无网格法的计算速度。王敏等[112]将偶应力理论引入无网格法,偶应力理论是一种应变梯度理论,仅考虑旋转梯度的影响,引入了偶应力及其相应的变形分量,可以描述一定的尺寸效应。

无网格法的近似函数建立在一系列离散节点上,避免了网格依赖性,容易构造更高阶、更精确的形函数。和有限元相比,无网格法在涉及网格畸变、移动边界等问题上具有先天优势,能够减轻锁死、不连续位移场和网格敏感性等问题,在大变形问题、金属成型问题、动态裂纹扩展问题中应用广泛。由于使用了高阶形函数,无网格法的精度和收敛速度也比有限元快,而且应力解足够光滑,不需要进行应力磨平处理。无网格法在有限元的基础上产生,并作为有限元方法的有效补充而发展。由于有限元法已经相当成熟,因此无网格法的发展大量借鉴了有限元的技术。然而无网格法仍然有一些不够完善的地方,如无网格法也存在计算量大、效率低等缺点,此外许多无网格法的稳定性比较差、缺乏严格的数学证明等。尽管如此,一些发展比较成熟的无网格法已经集成到商用软件中,如 SPH、EFG、RKPM 等。

1.4.3 扩展有限元法

无网格法由于使用了高阶积分,求解量往往几十倍于有限元法,大大降低了无网格法在工程中的使用价值。1999 年,Belytschko 等[113-114]首先提出了扩展有限元(XFEM)的思想。

扩展有限元法划分单元时不考虑结构内部的物理或几何细节(如裂纹、空洞等)。对有限元法来说,待求函数的基本单位是单元。在扩展有限元法中,分片近似的基本单位就不再是单元而是覆盖。由有限元网格转化而来的有限覆盖系统中,覆盖就是节点影响域。节点影响域上的单位分解函数可以由影响域内所有单元关于该节点的形函数合并而成。这种单位分解概念保证了 XFEM 的收敛,基于此 XFEM 通过改进单元的形状函数使之包含问题不连续性的基本成分,从而降低对网格密度的要求。水平集法是 XFEM 中常用的确定内部界面位置和跟踪其生长的数值技术,任何内部界面均可用它的零水平集函数表示[115]。

国内,金峰等[116-117]在扩展有限元方面做了不少工作。对于使用裂纹单元的改进函数,他们假定裂尖停留在单元边界,从而可以不考虑裂纹尖端的单元,可以只使用 Heaviside 函数对位移逼近函数进行改进。谢海等[118]进一步在裂尖单元使用了包含二维裂尖位移渐进场的改进函数。董玉文等[119]对扩展有限元方法中直接计算断裂分析中的应力强度因子进行了改进。Ooi 等[120]基于单位分解方法改进了 8 节点实体单元的局部误差估计,保证了内部单元的协调性和完整性。Liu 等[121-122]在扩展有限元框架下进行了埋入摩擦裂纹的接触问题的分析,计算平面应变条件下初始平直、曲线和 S 形裂纹并考虑了张开和摩擦滑动结合的力学机制。Remmers 等[123]模拟了实体多裂纹的成核、生长和聚结,跟踪计算了脆性实体中的快速裂纹传播过程。Fries 等[124]对扩展有限元方法进行了系统的总结和述评,介绍了在裂纹、剪切带、断裂和多场问题数值计算中的实用性。

与常规有限元法相比,在解决裂纹问题时 XFEM 具有明显的优势;与无网格法相比,XFEM 单元刚度矩阵具有常规有限元的对称、带状和稀疏性,其计算量没有无网格法那么巨大。扩展有限元用于剪切带的研究还刚起步。无论使用何种模型,岩土介质在加载过程中均会逐渐发生性能劣化,特别是当微损伤在某一局部集中累积进而导致宏观破裂时,这一过程很难用针对一条裂纹的断裂力学来处理。

1.4.4 其他非有限元方法

有限差分方法、块体流形元、颗粒流等方法由于其针对岩土工程的特殊性,发展迅速,在岩土工程研究中越来越重要。

有限差分方法思路上同有限元方法相近,只是使用的求解方法是中心差分方法。王学滨等[125-126]用 FLAC 3D 模拟了岩土材料三轴试验的应力应变全过程,研究了尺寸效应、加载速率和围压等因素对变形局部化启动、稳定、剪切图案及演化规律的影响。

离散元法的主要思想是把整个介质看作由一系列离散的、独立运动的粒子(单元)所组成,单元本身具有一定的几何(形状、大小、排列等)和物理、化学特征。其运动受经典运动方程控制,整个介质的变形和演化由各单元的运动和相互位置来描述。离散元法的单元从几何形状可分为块体元和颗粒元两大类。因其是从细观角度颗粒相互作用角度进行的分析,故不存在网格依赖性问题。

Wang 等[127]使用离散元方法研究了平面应变压缩条件下颗粒在高围压条件破碎对整体破坏的影响。Powrie 等[128]采用颗粒流方法研究了三轴试验端部的摩擦效应、初始试验孔隙率、颗粒的形状系数对土体破坏剪切带形成的影响。周建等[129]基于颗粒流理论对黏土和砂土的剪切带都进行了分析模拟,考虑了颗粒排列对剪切带形状的影响,以及颗粒粒径比、颗粒粒径、颗粒接触刚度、颗粒摩擦系数、孔隙率的影响。图 1-5 所示为直剪试验中法向和切向力链网络的分布图。

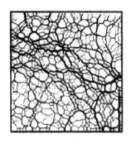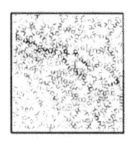

图 1-5　典型的颗粒流力链图

Castelli 等[130]基于边界元方法模拟了含裂隙或缺陷介质中剪切带的传播规律,认为材料初始缺陷是剪切带形成的条件。Marketos 等[131]在高孔隙率的砂岩中发现了扁平的压缩带,只有压缩没有剪切,用三维离散单元模拟了砂岩试样应力状态,主要的微观力学机理是颗粒破损和压碎,重现了离散压缩带,观察到了其触发和传播的过程。上述研究成果大都是分析影响剪切带的因素以及剪切带的传播规律,并从本构模型、分叉等角度解释失稳破坏与剪切带形成机理之间的关系。

颗粒流等离散元法是从颗粒尺度再现岩土性质的数值计算方法,其采用的接触模型和计算理论对研究岩土材料变形物理机制有重要影响。只有将颗粒体系细观层次的统计描述与宏观力学响应相结合,才能真正了解岩土体的行为特性。

总之,数值模拟凭借计算机的强大计算功能,能够在短时间内实现对不同尺寸、力学参数、本构关系和试验条件的模拟试验。采用数值模拟可以降低试验环境和人为等因素对结果的影响,获得的结果有助于理论研究和工程应用。

但在数值模拟中也有许多难题,如难以合理模拟局部化带的启动及局部化启动后的行为、计算时出现"病态"的网格依赖性等。发展的方向是将离散元与连续体计算方法耦合,使数值模拟能够计算土体由细观变形积聚到宏观破坏的全过程,真实反映土性的各种变化特性。

1.5　本书主要内容

由土体渐进破坏问题的研究方法和进展可见,研究土体渐进破坏的全过程时,试验和理论研究的重点在于剪切带的产生和发展机理,数值计算的研究重点在于应变软化问题和网格依赖性问题。试验和模拟的变形集中都源于不均匀性,这种不均匀性可以是材料的不均匀,也可以是边界的不均匀。本书也按照这个思路进行说明。

(1) 以标准砂为主的细观试验研究,从表面应变场的角度获得剪切带的形成过程,并分析产生的机制和条件。将数字图像技术与 GDS 多功能静三轴试验系统结合,不但能够进行各种应力路径条件下的三轴试验,得到整体应力应变关系,而且能够得到试样表面的应变场结果,并记录试样渐进破坏的全过程。

① 进行土体破坏形式和破坏过程的试验研究。采用 GDS 多功能静三轴仪器和数字图像技术,进行一系列压缩和拉伸应力路径试验,考虑不同固结应力的情况。

② 基于试验结果分析不同应力路径条件下剪切带的触发和发展过程。将试样破坏形式分为鼓胀破坏、单一剪切带和交叉剪切带三种形式,总结不同应力路径下的破坏形式规律和机制。从细观颗粒排列角度分析渐进破坏过程,进而提出不同方向剪切带之间的竞争机制。

③ 研究端部约束和初始缺陷对剪切带的触发与发展影响。根据整体和局部应力应变关系,分离并量化端部约束的影响。通过在砂土试样中添加粉质黏土块的方式考虑初始缺陷对剪切带的诱发以及变形影响。

(2) 根据细观试验的结果,从数值计算角度再现剪切带并进行理论研究。使用通用软件 ABAQUS 进行剪切带形成和发展的机理研究,考虑剪胀性、端部约束、初始缺陷和试验条件等影响因素。对于研究渐进破坏过程必须面对的应变软化和网格依赖性问题,分别采用阻尼牛顿法和梯度塑性理论进行计算,提出联立求解的位移和塑性乘子的 u-λ 算法,这样同时得到位移和塑性乘子的解。

① 在平面应变条件下,分析土体剪切带的产生条件,考虑端部约束、初始缺陷及共同作用情况。提取试样不同部位代表性单元的应力应变关系,分析试样渐进破坏过程中局部应力应变特性。从应变能释放的冲击角度分析剪切带的形成机理。研究部分摩擦条件、不同缺陷设置方式时,宏观剪切带的多样性和发展过程。对三轴试验条件也进行同样思路的数值分析。

② 基于 FEPG 有限元平台对网格依赖性问题进行理论和计算研究。土体形成宏观剪切带后会出现应变软化现象,可采用能够考虑软化的本构模型进行计算,数值计算时会遇到控制方程丧失其正定性的问题。针对软化问题使用阻尼牛顿法计算,引入阻尼因子强制保持控制方程的正定性。采用有限元弱形式详细推导了在常规弹塑性算法中引入阻尼牛顿法的过程,进而提出联立求解的 u-λ 算法,将位移和塑性乘子同时求解。梯度塑性理论从本构关系入手来解决网格依赖性问题。在 D-P 屈服准则中引入软化项和梯度项,使之能够考虑软化和网格依赖性问题,使用阻尼牛顿法计算,同时求解位移方程和屈服函数方程。按照推导的弱形式公式编制梯度理论有限元程序并验证。

③ 不均匀性引起的变形具有明显的渐进性,基于边坡破坏过程的渐进性,提出了边坡模拟的局部强度阶梯折减的方法,以有效地控制坡体内部破损区的大面积开展,对边坡的渐进破坏模拟更符合真实的边坡失稳过程。选用屈服接近度,利用局部强度阶梯折减的方法对边坡进行强度折减模拟,直观地展示了边坡的渐进失稳进程。

第 2 章   土体渐进破坏不均匀性
影响试验研究

2.1   引言

三轴试验作为研究土性的一种试验手段在科学研究和工程应用中都非常广泛。图 2-1 所示为美国 Geocomp 公司生产的全自动静-动三轴剪切仪和英国 GDS 公司生产的多功能静三轴仪，能够进行偏压固结和复杂应力路径条件下试样的三轴试验。这些三轴试验仪器使用圆柱试样，将其作为一点的应力状态来进行试验，得到的是试样整体应力应变关系。

(a) Geocomp 全自动静-动三轴剪切仪　　　　(b) GDS 多功能静三轴仪

图 2-1　静-动三轴剪切仪和静三轴仪

数字图像技术是一种能够记录物体变形过程的数字图像测量方法，将其用于研究土体的渐进破坏过程，可以得到试样表面的位移场和应变场，能够直观观察到试样渐进破坏的过程。

本章将数字图像技术和 GDS 多功能静三轴仪结合，进行三轴试验中土样的渐进破坏过程试验。首先使用 GDS 静三轴仪进行北京地区粉质黏土的基本三轴试验，得到试样破坏的形式和整体应力应变关系。然后进行砂土的应力路径试验，通过数字图像系统和三轴试验系统分别得到局部和整体应力应变关系，分析不同应力路径条件下试样破坏形式规律、剪切带的触发和发展过

· 19 ·

程。利用三轴仪进行的黏土试验结束后,将剪切后的试样卸下可以看到试样的宏观破坏形式。进行砂土试验时,如果不能跟踪试样的破坏过程,最终的破坏形式也很难保留,故重点研究砂土试样的渐进破坏过程。根据试验获得的局部应力应变关系,研究端部约束和初始缺陷对剪切带的触发和发展影响。将试样作为一个构件而不是一点的应力状态,分离出并量化端部约束的影响。通过在砂土试样中添加粉质黏土块的方式考虑初始缺陷对剪切带的诱发以及变形的影响。

2.2 试验仪器开发

不均匀性是天然土的固有属性,而土工试验通常是将试样当成一个点测试其宏观力学特性,并利用试样的变形效应定义应力和应变,这种宏观方法忽略了试样的局部变形对试样宏观力学特性的影响,也不能测试因试样不均匀性引起的应变局部化的形成过程。在变形测量方面,传统三轴的轴向变形使用位移传感器控制,得到的是平均轴向应变;体积变形通过试样中排出的水量得到,这个平均体积应变受试样饱和度等的影响;径向变形由轴向变形和体积变形换算得到,不能反映试样的实际径向应变状态。

实际上应将试样看作一个小的构件,考虑边界条件和试样的初始不均匀性予以分析,数字图像技术能够满足这个要求,能够以无接触的方式在土工三轴试验中测量受端部约束较小的试样中部区域的变形。英国 GDS 公司生产的多功能静三轴仪性能稳定、操作方便,可测试试样的整体力学特性,在土工试验中广泛使用;数字图像测量技术能够用于研究试样局部变形特性,二者结合是研究土的变形过程与破坏机理的有效途径。基于邵龙潭等[28]开发的数字图像技术,对现有 GDS 多功能静三轴仪进行改进,使之能够进行三轴试样渐进破坏的研究。

2.2.1 数字图像技术原理

数字图像技术是一种基于物体变形的数字图像测量方法。利用物镜对物体的成像关系,用 CCD 摄像仪或 CMOS 传感器采集物体图像,结合计算机图像处理技术实时记录和识别物体边缘及其边缘间的距离,检测其位置的变化。

试样表面应变场的计算基于亚像素点检测原理实现,如图 2-2 所示。通过亚像素点检测方法可以确定包裹试样的橡皮膜表面每一时刻每个角点在平面上二维投影的 x 方向和 y 方向的坐标,这里 x、y 选用图像坐标系,x 方向定义为环向,y 方向定义为轴向,以此来计算分析试样表面的应变场。

图 2-2　亚像素角点检测原理

整个应变场是基于角点进行有限元插值得到的,可认为乳胶膜上的标志块把试样表面进行了网格划分,如图 2-3 所示。

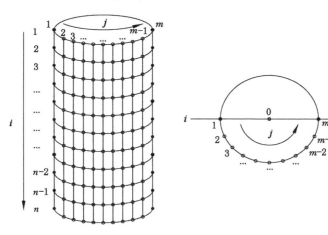

图 2-3　试样表面网格划分

利用有限元 4 节点等参元的概念进行分析,标志块的角点即为单元节点,根据有限元法任意点的坐标 x、y 通过节点坐标 X_i、Y_i 插值得到,N_i 为形函数:

$$\begin{cases} x = \displaystyle\sum_{i=1}^{4} N_i X_i \\ y = \displaystyle\sum_{i=1}^{4} N_i Y_i \end{cases} \tag{2-1}$$

由当前图像坐标与初始图像坐标差值可得各节点位移 u_i、v_i，如果初始节点坐标为 X_i^0、Y_i^0，则由初始图像坐标可得到各节点位移：

$$\begin{cases} u_i = X_i - X_i^0 \\ v_i = Y_i - Y_i^0 \end{cases} \tag{2-2}$$

那么任一点位移为：

$$\begin{cases} u = \sum_{i=1}^{4} N_i u_i \\ v = \sum_{i=1}^{4} N_i v_i \end{cases} \tag{2-3}$$

则根据几何矩阵 $\boldsymbol{B}$ 计算径向和轴向应变 ε_r、ε_a 为：

$$\begin{Bmatrix} \varepsilon_r \\ \varepsilon_a \end{Bmatrix} = \boldsymbol{B} \begin{Bmatrix} u_i \\ v_i \end{Bmatrix} \tag{2-4}$$

在 6 排标志块高度、半试样周长宽度范围内得到试样表面应变场。

图像测量系统的局部应变利用试样表面的位移确定，使用的是未经过处理的原始像素结果。对于计算试样变形所测量的目标区域，轴向应变可通过计算各个时刻 y 方向同一纵向轴线两边缘点位置的两个角点纵坐标的差值相对于初始时刻的变化量与初始时刻的值之比求和取平均值求得，则 t 时刻的平均轴向应变 ε_a^t 和径向应变 ε_r^t 表达式为：

$$\begin{cases} \varepsilon_r^t = \dfrac{1}{n} \sum_{i=1}^{n} \dfrac{(x_{im}^0 - x_{i1}^0) - (x_{im}^t - x_{i1}^t)}{(x_{im}^0 - x_{i1}^0)} \\ \varepsilon_a^t = \dfrac{1}{m} \sum_{j=1}^{m} \dfrac{(y_{nj}^0 - y_{1j}^0) - (y_{nj}^t - y_{1j}^t)}{(y_{nj}^0 - y_{1j}^0)} \end{cases} \tag{2-5}$$

式中，x_{im}^t 即 t 时刻 i 行 m 列角点的像素；n 为方格角点行数；m 为方格角点列数。

2.2.2 数字图像技术与 GDS 三轴试验仪联合应用

基于数字图像测量技术的试验系统包括硬件和软件两部分。硬件部分包括：使用带有可视平面窗口的三轴压力室(图 2-4)，其内部全部漆黑，形成不反光的背景，室内上下安装平面白色光源照明，预留三维摄影的接口；包裹试样的乳胶膜为黑色，表面印有高弹性白色标志块；用于试样变形测量的 CMOS 数字摄像机的分辨率为 1 280×1 024 像素，使用亚像素角点方法测到的轴向和径向位移相对误差均小于 10^{-4}，相机支架安装在 GDS 压力室基座上。使用 GDS 的压力控制器和轴向力传感器，图 2-5(a)所示为改进后的 DIS

三轴试验系统。

(a) GDS 三轴压力室　　　　　　　(b) DIS 三轴压力室

图 2-4　三轴压力室

(a) 改进后硬件系统　　　　　　　(b) 数字图像处理软件

图 2-5　改进的试验系统

　　数字图像处理软件与 GDS 测量软件同步使用,GDS 测量软件记录试样整体应力应变关系,数字图像测量软件记录每时刻试样图像和标志块角点位移,最小采样时间 0.5 s。由数字图像测量方法测得的试验数据原始值是像素,由于应变是相对变形量,因而计算时无须将像素单位的试验数据转化成国际单位的实际值。图 2-5(b)所示为数字图像处理软件自动选择特征点的情况,图像测量区域为 6 行、4 列白色标志块的区域,测量系统识别每个标志块的 4 个黑白对比角点,跟踪共计 96 个点的横、纵坐标变化。邵龙潭等[132]研发了数字图像系统并基于高精度标定板和变截面铜柱直径测量结果标定了系统的精度。

2.3　土体剪切带模式试验研究

2.3.1　常规试验材料及试验方法

试验土料黏质粉土取自北京地铁十号线二期工程"樊家村站—石榴庄站"工地施工现场(胡鹏飞博士提供)。按照《土工试验方法标准》(GB/T 50123—2019),所取土样的基本物理力学指标见表2-1。

表 2-1　试验土样的基本物理力学指标

土的分类	土粒比重	密度/(g/cm³)	含水率/%	液限/%	塑限/%
黏质粉土	2.69	1.94	22.3	31.05	22.5

试样采用真空抽气饱和法,按照规范要求,试样饱和度均达到95％以上。试样饱和后,在GDS试验仪上装样等压固结和剪切。剪切阶段分别进行了排水和不排水试验,应变控制剪切到25％,固结不排水剪切速率为0.1 mm/min;固结排水剪切速率为0.012 mm/min,能够控制孔压为零。

2.3.2　黏质粉土三轴试验结果分析

进行围压分别为50 kPa、100 kPa和150 kPa的固结排水和不排水试验,得到剪应力 q、有效应力比 σ_1'/σ_3' 与轴向应变 ε_a 的关系曲线,如图2-6所示。图中CD表示固结排水试验,CU表示固结不排水试验,剪应力为轴向应力与径向应力之差,即 $q=\sigma_1-\sigma_3$;有效应力比为有效轴向应力 σ_a' 与有效径向应力 σ_r' 之比,通常试验中将轴向作为1方向,径向作为3方向。

图2-6(a)所示为试验土料的常规三轴试验剪应力和轴向应变的曲线。在不同的固结压力下,应力应变关系表现出明显的压硬性和非线性,基本呈应变硬化型。固结排水试验的应力-应变曲线经过峰值稍有软化现象。固结不排水试验剪切过程产生孔隙水压力,如图2-7所示,随应变的发展孔隙水压力先上升后下降。不排水剪切过程中试样总体积不变,随着孔隙水压力和有效应力的不断调整,孔隙水压力增加表明剪切过程中初期试样的剪缩趋势,孔隙水压力达到峰值后有所下降,表明试样有轻微剪胀趋势。

图2-6(b)所示为试验的有效应力比曲线。剪切初期,低固结压力的有效应力比在上、高固结压力的有效应力比在下,后期趋于一致。

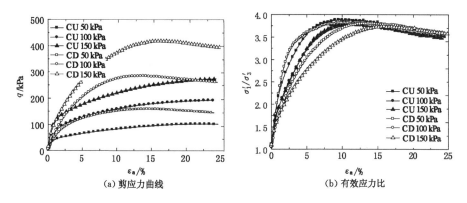

(a) 剪应力曲线　　　　　　　　(b) 有效应力比

图 2-6　剪应力和有效应力比曲线

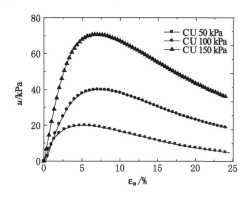

图 2-7　不同围压的孔隙水压力曲线

图 2-8 所示为固结不排水试验的有效应力路径。图中有效平均压力和有效剪应力分别为 $p' = (\sigma_1' + 2\sigma_3')/3$，$q' = \sigma_1' - \sigma_3'$，不同固结压力下的有效应力路径都呈 S 形，在试验初期有效平均压力略有增加，然后逐渐减小至出现相转换点，试验后期增加明显，反映了土的剪胀特性，与试验后期孔压下降现象吻合。相转换点之前的有效平均压力增加是因为加在初期孔压滞后于应力增加造成的。极限状态的应力比 q'/p' 约为 1.5。

图 2-9 所示为不排水条件下有效应力比曲线与总应力比曲线，总应力比表现出硬化现象，有效应力比峰值后有所下降。

图 2-10 所示为部分三轴压缩试验完成以后将卸下的试样晒干的情况，从中可以看出黏质粉土试样的破坏形式，部分形成了明显的剪切带。剪切带模式有交叉剪切带和单一剪切带。

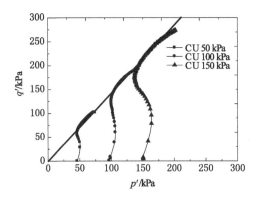

图 2-8　不同围压的有效应力路径

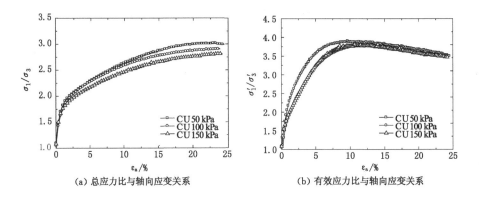

（a）总应力比与轴向应变关系　　　　　（b）有效应力比与轴向应变关系

图 2-9　不排水总应力比与有效应力比曲线

（a）　　　　　　　　　　　　　（b）

图 2-10　黏质粉土试样破坏剪切带形式

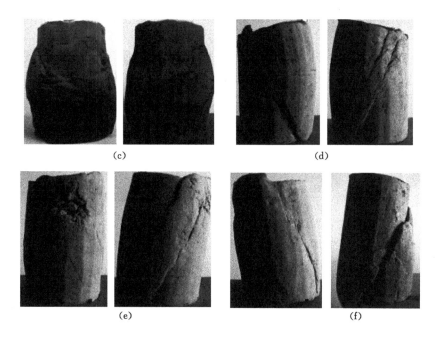

图 2-10(续)

2.4　三轴压缩条件下土体渐进破坏过程试验研究

　　将数字图像系统与 GDS 三轴试验系统联合应用,进行砂土的应力路径试验,通过数字图像系统得到试样每个时刻变形图像和表面应变场以及局部应力应变关系,GDS 三轴试验系统进行加载控制并得到整体应力应变关系,进而分析不同应力路径条件下试样破坏形式规律、剪切带的触发和发展过程,并为定量研究端部约束和初始缺陷的影响提供依据。

2.4.1　试验材料

　　试验土料采用厦门艾思欧标准砂有限公司生产的国家标准砂(ISO 中级砂),粒径在 0.5～1.0 mm 之间,筛分结果粒径大于 0.5 mm,占总重的 96.61%。圆柱试样直径 50 mm,高度 100 mm,控制初始孔隙比为 0.66。使用重力和反压饱和,确保试样饱和度达到 95% 以上;剪切加载速率为 0.3 mm/min,最大轴向应变为 25%。

2.4.2 应力路径设计

岩土的性质与本构关系与应力应变状态的变化过程有关。通常称描述一单元应力状态变化的路线或轨迹为应力路径,岩土工程中一点的应力路径是很复杂的,而且不同点的应力路径也不相同。应力路径试验是模拟土体在实际施工或运行过程中的应力变化对试样进行加荷减荷的试验过程。常规三轴仪中的试样为圆柱形试样,受力的条件为轴对称条件,可进行等压和偏压固结、三轴压缩与拉伸剪切等各种应力路径的试验[133]。为了能够直观地描述应力路径,常在 $p\text{-}q$、$s\text{-}t$ 等坐标系下绘制应力路径,其中 $p=(\sigma_1+2\sigma_3)/3$,$q=\sigma_1-\sigma_3$,$s=(\sigma_1+\sigma_3)/2$,$t=(\sigma_1-\sigma_3)/2$。

静水压力试验,简称 HC 试验,试验中 $\sigma_1=\sigma_2=\sigma_3$,故应力路径沿等剪应力线变化。三轴压缩试验,简称 TC 试验,有三种试验方法:

① 普通三轴压缩试验,简称 CTC 试验。试验中增加 σ_1,保持 σ_3 不变,进行压缩剪切试验。这时,$\Delta\sigma_3=0$,$\Delta\sigma_1>0$,相应有 $\Delta\varepsilon_1>0$,$\Delta\varepsilon_2=\Delta\varepsilon_3<0$。

② 减压三轴压缩试验,简称 RTC 试验。试验中减小 σ_3,保持 σ_1 不变,进行压缩剪切试验。这时,$\Delta\sigma_1=0$,$\Delta\sigma_3<0$,$\Delta\varepsilon_1>0$,相应有 $\Delta\varepsilon_2=\Delta\varepsilon_3<0$。

③ $p=\text{const}$ 的试验,简称 PTC 试验。试验中保持 p 不变,进行压缩剪切试验。因而要求 $\Delta\sigma_1>0$,$\Delta\sigma_3<0$,相应有 $\Delta\varepsilon_1>0$,$\Delta\varepsilon_2=\Delta\varepsilon_3<0$。

为了模拟地下不同深度和不同受力过程情况下土体的破坏特性,基于固结条件和应力路径设计了 3 组 13 个试验,试验方案见表 2-2,初始径向应力 $\sigma_3=150$ kPa,初始轴向应力分别为 150 kPa、300 kPa、375 kPa($\sigma_1/\sigma_3=2.5$,当 $\sigma_3=150$ kPa、$\sigma_1=375$ kPa 时,偏压固结 $\sigma_3=200$ kPa、$\sigma_1=425$ kPa)。其中,$p=(\sigma_1+2\sigma_3)/3$,$q=\sigma_1-\sigma_3$。对于等 q 压缩路径,在应力路径模块通过两种方式实现,编号 3-1 是轴向和径向总压力都减小,模拟卸载过程;编号 3-2 是增加反压模拟地下水上升过程,都能达到轴向和径向有效压力减小的等 q 压缩路径。

表 2-2 压缩试验方案

固结	应力比	编号	应力路径名称	实现方法
等压	1.0	pq1	CTC	$\Delta\sigma_3=0$,$\Delta\sigma_1>0$
		pq2	PTC	$\Delta\sigma_1>0$,$\Delta\sigma_3<0$
		pq4	RTC	$\Delta\sigma_1=0$,$\Delta\sigma_3<0$

表 2-2(续)

固结	应力比	编号	应力路径名称	实现方法
偏压	2.0	pq1	CTC	$\Delta\sigma_3=0,\Delta\sigma_1>0$
		pq2	PTC	$\Delta\sigma_1>0,\Delta\sigma_3<0$
		pq3-1	HC	$\Delta\sigma_1<0,\Delta\sigma_3<0$
		pq3-2	HC	$\Delta u>0$
		pq4	RTC	$\Delta\sigma_1=0,\Delta\sigma_3<0$
偏压	2.5	pq1	CTC	$\Delta\sigma_3=0,\Delta\sigma_1>0$
		pq2	PTC	$\Delta\sigma_1>0,\Delta\sigma_3<0$
		pq3-1	HC	$\Delta\sigma_1<0,\Delta\sigma_3<0$
		pq3-2	HC	$\Delta u>0$
		pq4	RTC	$\Delta\sigma_1=0,\Delta\sigma_3<0$

2.4.3　试验结果分析

2.4.3.1　不同路径试验应力应变关系

图 2-11 所示为 3 组试验的实测有效应力路径和有效应力比曲线。从图 2-11(a)～(c)所示应力路径来看,实现了设计路径,峰值之前应力路径能够很好地控制;在达到破坏线后,应力路径沿原路径折回或沿破坏线返回。从图 2-11(d)～(f)所示有效应力比曲线可以看出,随着固结应力比的增加,有效应力比的峰值提前并降低,过峰值后的有效应力比曲线斜率增大。偏压固结条件:初始应变增加较慢,一旦轴向应变开始加速增则很快达到峰值。初始应变都很小,砂土的颗粒排列在偏压固结压力的作用下非常紧密,这种紧密的颗粒排列能够承受一定的压力,整体受力以压缩为主、剪切为辅,故初始变形很小,随着剪切过程继续,颗粒排列能够承受的压力达到极限时,剪切作用成为主导,继续发挥强度,达到剪切强度后,颗粒发生滚动,将应力传递给相邻颗粒,进而形成连续带状滑动区域,这就是宏观剪切带。剪切带是指应变集中在一个有限范围内发展而形成的应变局部化带。

2.4.3.2　不同路径试样破坏形式和过程

由数字图像系统得到的试样在轴向应变达到 25% 时的试样图像、径向应变和轴向应变场等值线图见表 2-3～表 2-5,径向应变和轴向应变场等值线图的横坐标是 4 列标志块的宽度,纵坐标是 6 排标志块高度,即应变场是

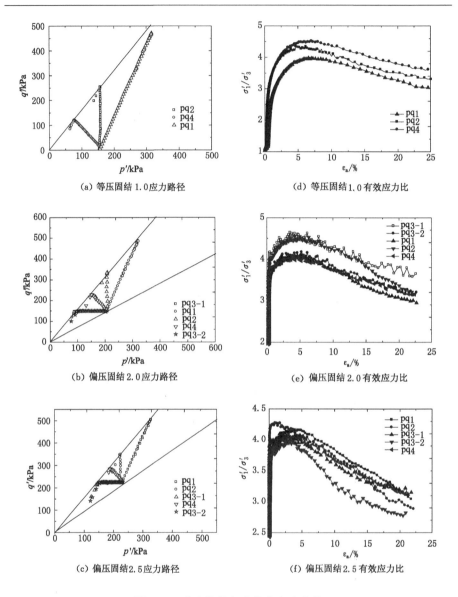

（a）等压固结1.0应力路径

（d）等压固结1.0有效应力比

（b）偏压固结2.0应力路径

（e）偏压固结2.0有效应力比

（c）偏压固结2.5应力路径

（f）偏压固结2.5有效应力比

图 2-11　应力路径与有效应力比曲线

试样半圆柱表面的应变。从试样应变等值线云图可以看出,最终破坏形式可分为均匀鼓胀、单一剪切带和交叉剪切带三种形式。

表 2-3　等压试验图像结果

编号	图像	径向应变场	轴向应变场
等压 1.0-1	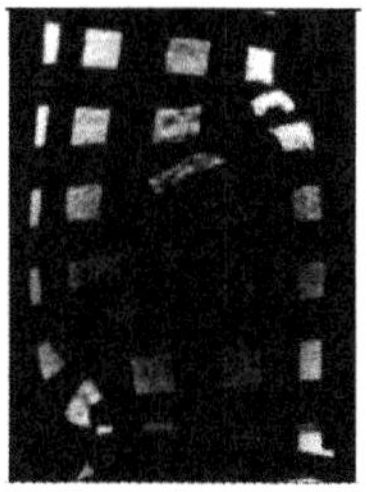	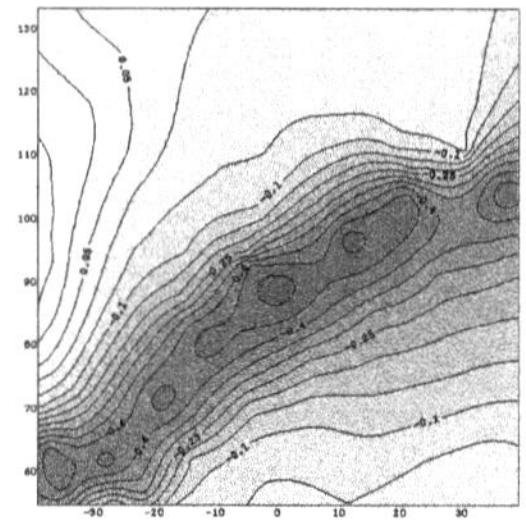	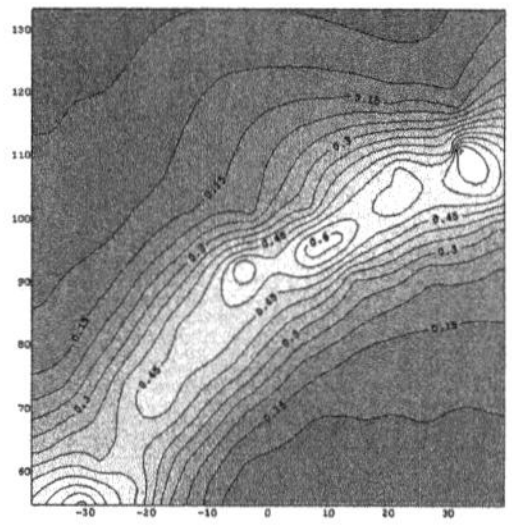
等压 1.0-2		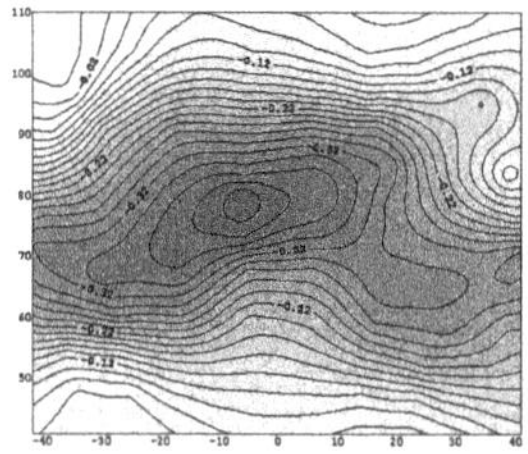	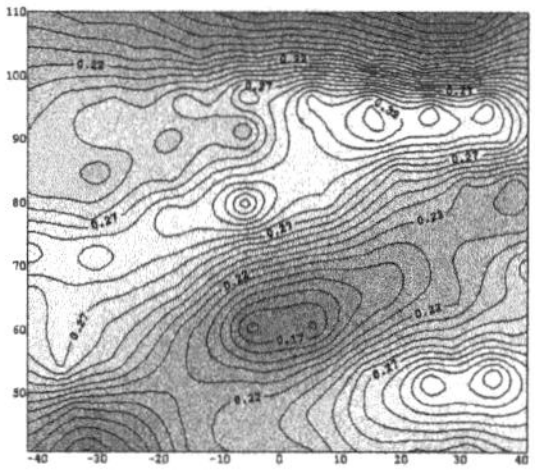
等压 1.0-4	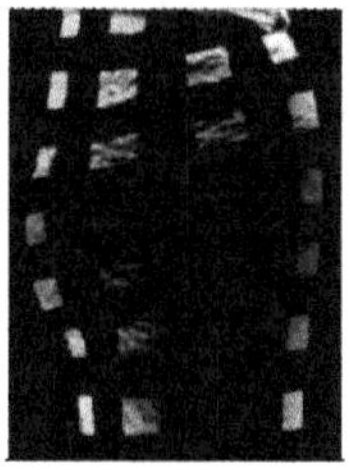	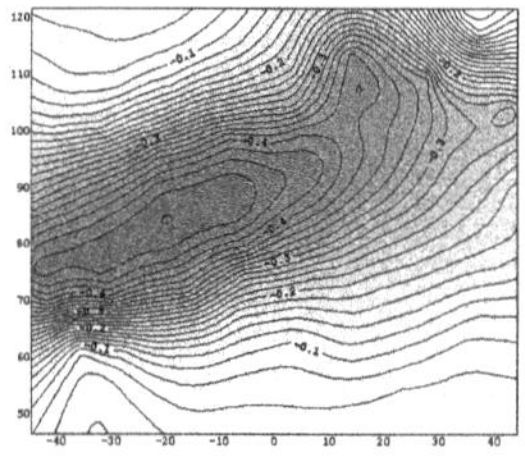	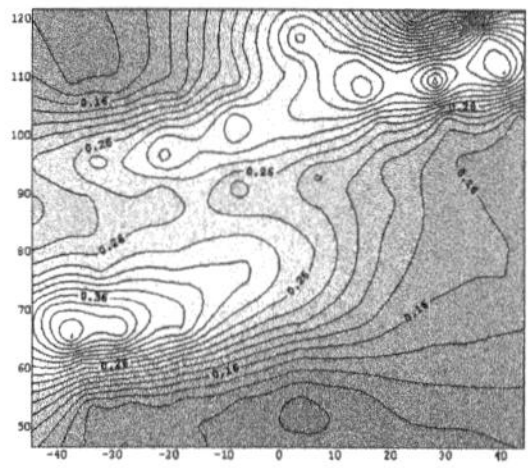

表 2-4　偏压 2.0 试验图像结果

编号	图像	径向应变场	轴向应变场
偏压 2.0-1	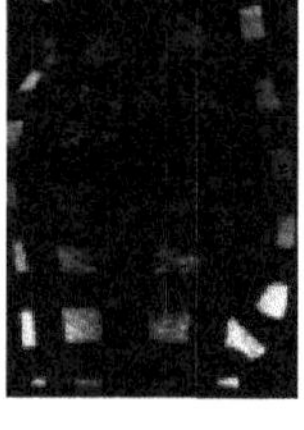	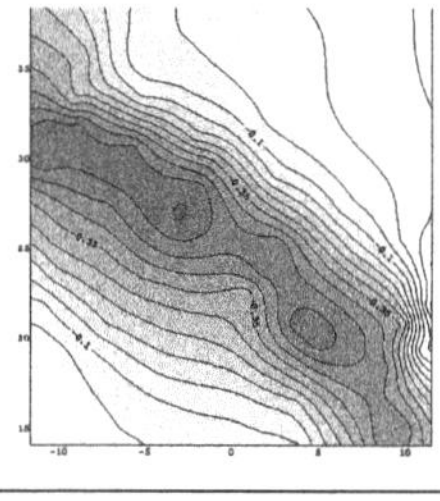	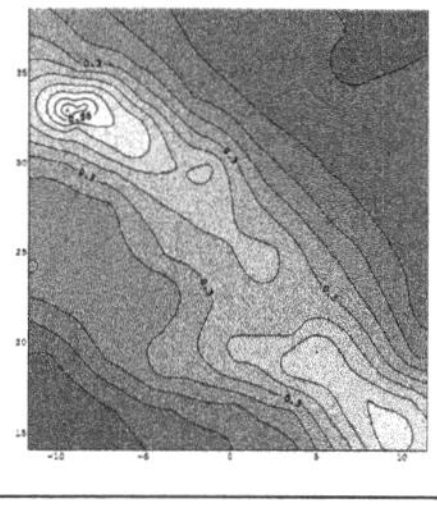

表 2-4(续)

编号	图像	径向应变场	轴向应变场
偏压 2.0-2			
偏压 2.0-3-1			
偏压 2.0-3-2			
偏压 2.0-4			

表 2-5　偏压 2.5 试验图像结果

编号	图像	径向应变场	轴向应变场
偏压 2.5-1			
偏压 2.5-2			
偏压 2.5-3-1			
偏压 2.5-3-2			
偏压 2.5-4			

交叉剪切带和宏观鼓胀的破坏形式可从等值线云图看出差异,鼓胀破坏径向等值线云图具有一个中部集中区,而轴向应变有两个近乎平行的应变集中带,如偏压 2.0-4 所示的和偏压 2.5-4 所示的情况,说明端部约束较均匀,端部约束区域与试验中部未受端部约束影响区域的分界明显。交叉剪切带主要表现为端部约束影响造成试样受力不均匀,轴向应变场出现不是平行而是交叉应变集中区域,如偏压 2.5-1 所示的情况。

不同应力路径条件下的试样破坏过程和形式与应力路径密切相关。对于轴向应力增加的路径(保持径向应力不变和保持 p 不变的路径),试样最终破坏形式为宏观剪切带,以单一剪切带为主,如等压 1.0-1、偏压 2.0-1、偏压 2.0-2、偏压 2.5-2 所示的情况。这种条件轴向应力增加的时候,试样应变受到径向应力的约束,不易产生均匀变形,当某处初始缺陷引起颗粒排列失稳后,应变集中于此并迅速重新分配应力,形成连续的剪切带。轴向应力为常数、径向应力减小的应力路径,试样的最终破坏形式多是鼓胀形式,即偏压2.0-4和偏压2.5-4所示的情况。径向应力减小的过程就是径向约束放松的过程,试样可以无约束变形,故形成均匀鼓胀的破坏形式。有效轴向应力和径向应力都减小的路径,以总应力减小的方式实现时,试样呈鼓胀破坏,如偏压2.0-3-1和偏压2.5-3-1所示的情况。以增加孔隙水压力的方式实现时,试样形成宏观剪切带,有交叉和单一两种形式,如偏压 2.0-3-2 和偏压 2.5-3-2 所示的情况。这种路径的破坏形式主要取决于试样内部的颗粒排列和初始缺陷。

(1) 偏压 2.0 路径 3-1 的破坏过程

图 2-12 所示为偏压固结比为 2.0 时路径 3-1 对应的有效应力比与轴向应变曲线,选取 6 个特征时刻分析试样破坏过程。

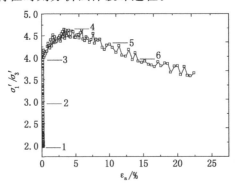

图 2-12　偏压 2.0 路径 3-1 的有效应力比与应变曲线

　　图 2-13 所示为图 2-12 中每个特征时刻的径向应变与轴向应变等值线图。试样最终整体呈鼓胀破坏形式,径向应变等值线图可见中部应变集中区,轴向应变在试样左侧稍有集中区域。

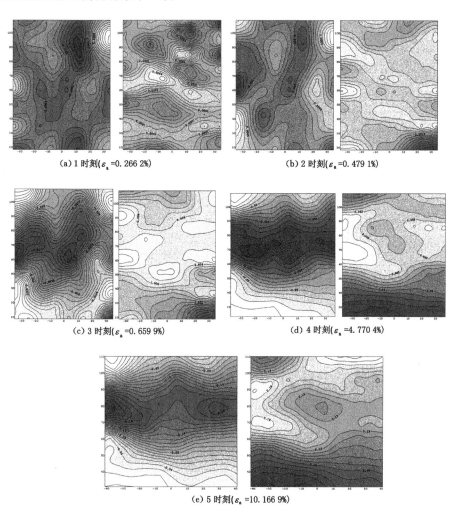

(a) 1 时刻(ε_a=0.266 2%)　　　　　　　(b) 2 时刻(ε_a=0.479 1%)

(c) 3 时刻(ε_a=0.659 9%)　　　　　　　(d) 4 时刻(ε_a=4.770 4%)

(e) 5 时刻(ε_a=10.166 9%)

图 2-13　偏压 2.0 路径 3-1 的径向应变和轴向应变等值线图

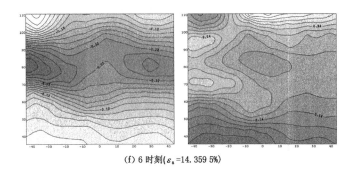

(f) 6 时刻(ε_a=14.359 5%)

图 2-13(续)

（2）偏压 2.0 路径 3-2 的破坏过程

图 2-14 所示为偏压固结比为 2.0 时路径 3-2 对应的有效应力比与轴向应变曲线，选取 7 个特征时刻分析试样破坏过程。

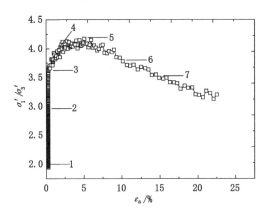

图 2-14　偏压 2.0 路径 3-2 的有效应力比与应变曲线

图 2-15 所示为曲线上每个特征时刻的径向应变与轴向应变等值线图。增加孔隙水压力，试样出现不均匀变形，从 1 和 2 时刻云图可见，试样内部产生两个应变局部化区域，到时刻 3 试样产生明显的轴向应变增量，两个区域已经融合，4 时刻可见试样中部一条贯通试样左右的局部化带，继续压缩试样最终在靠近左侧形成了交叉应变集中带。

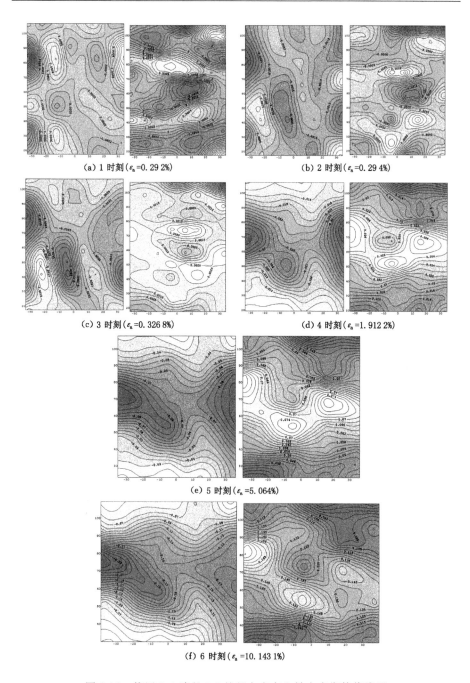

(a) 1 时刻(ε_a=0.29 2%)

(b) 2 时刻(ε_a=0.29 4%)

(c) 3 时刻(ε_a=0.326 8%)

(d) 4 时刻(ε_a=1.912 2%)

(e) 5 时刻(ε_a=5.064%)

(f) 6 时刻(ε_a=10.143 1%)

图 2-15　偏压 2.0 路径 3-2 的径向应变和轴向应变等值线图

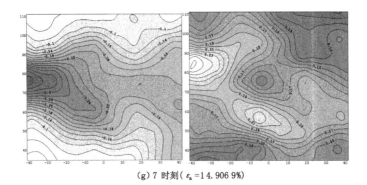

(g) 7 时刻（ε_a=14.906 9%）

图 2-15（续）

(3) 偏压 2.0 其他路径的破坏过程

图 2-16 所示为偏压固结比为 2.0 时路径 1 的试验结果。图 2-16(a)、(b)、(c)和(d)分别是试样初始时刻和结束时刻(轴向应变 25%)的试样图像、径向和轴向等值线图。试样最终破坏形式是单一剪切带形式。

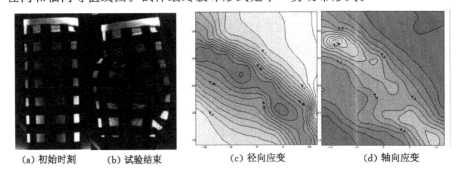

(a) 初始时刻   (b) 试验结束   (c) 径向应变   (d) 轴向应变

图 2-16   偏压 2.0 路径 1

图 2-17 所示为偏压固结比为 2.0 时路径 2 的试验结果。图 2-17(a)、(b)、(c)和(d)分别是试样初始时刻和结束时刻(轴向应变 25%)的试样图像、径向和轴向等值线图。试样最终破坏形式是单一剪切带形式。

图 2-18 所示为偏压固结比为 2.0 时路径 4 的试验结果。图 2-18(a)、(b)、(c)和(d)分别是试样初始时刻和结束时刻(轴向应变 25%)的试样图像、径向和轴向等值线图。试样最终破坏形式是鼓胀形式,径向应变等值线图可见试样中部变形集中区,轴向应变等值线图可见上下靠近端部区域两条平行的应变集中区域。

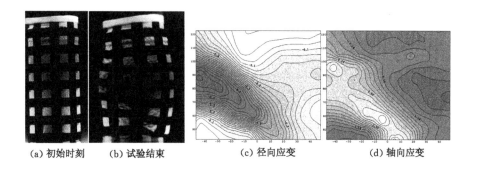

(a) 初始时刻　　(b) 试验结束　　(c) 径向应变　　(d) 轴向应变

图 2-17　偏压 2.0 路径 2

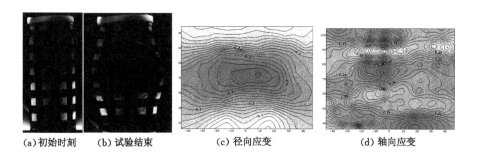

(a) 初始时刻　　(b) 试验结束　　(c) 径向应变　　(d) 轴向应变

图 2-18　偏压 2.0 路径 4

（4）偏压 2.5 路径 3-1 的破坏过程

图 2-19 所示为偏压固结比为 2.5 时路径 3-1 的试验结果。图 2-19（a）、（b）、（c）和（d）分别是试样初始时刻和结束时刻（轴向应变 25%）的试样图像、径向和轴向等值线图。

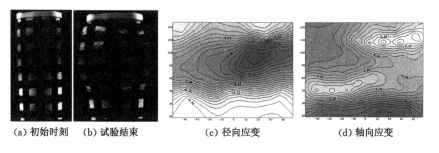

(a) 初始时刻　　(b) 试验结束　　(c) 径向应变　　(d) 轴向应变

图 2-19　偏压 2.5 路径 3-1

图 2-20 所示为对应的有效应力比与应变曲线,图 2-21 所示为曲线上每个特征时刻的径向应变与轴向应变等值线图。试样最终形成上下非对称的鼓胀破坏形式。

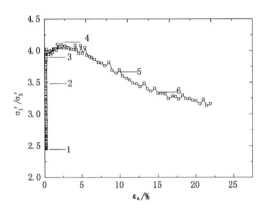

图 2-20　偏压 2.5 路径 3-1 有效应力比与应变曲线

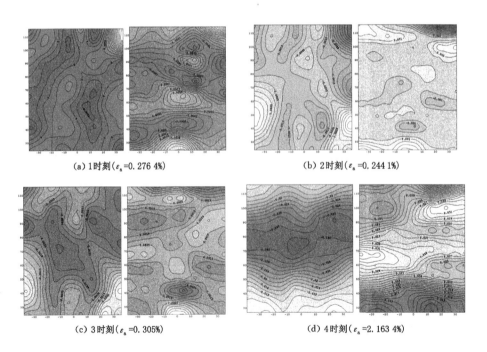

(a) 1时刻(ε_a=0.276 4%)　　　　(b) 2时刻(ε_a=0.244 1%)

(c) 3时刻(ε_a=0.305%)　　　　(d) 4时刻(ε_a=2.163 4%)

图 2-21　偏压 2.5 路径 3-1 径向应变和轴向应变等值线图

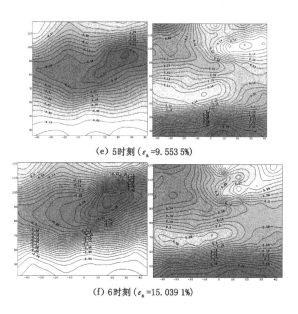

(e) 5时刻 (ε_a =9.553 5%)

(f) 6时刻 (ε_a =15.039 1%)

图 2-21(续)

(5) 偏压 2.5 路径 3-2 的破坏过程

图 2-22 所示为偏压固结比为 2.5 时路径 3-2 的试验结果。图 2-22(a)、(b)、(c)和(d)分别是试样初始时刻和结束时刻(轴向应变 25%)的试样图像、径向和轴向等值线图。图 2-23 所示为对应的有效应力比与应变曲线,图 2-24 所示为曲线上每个特征时刻的径向应变与轴向应变等值线图。试样整体竖向应变达到 25%时,剪切带区域应变可达到 50%。过峰值 4 时刻后,应变迅速集中到主导应变局部化区域,最终形成宏观的单一剪切带。

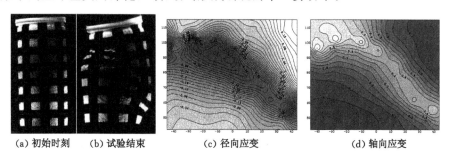

(a)初始时刻　(b)试验结束　(c)径向应变　(d)轴向应变

图 2-22 偏压 2.5 路径 3-2

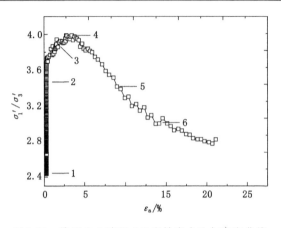

图 2-23　偏压 2.5 路径 3-2 有效应力比与应变曲线

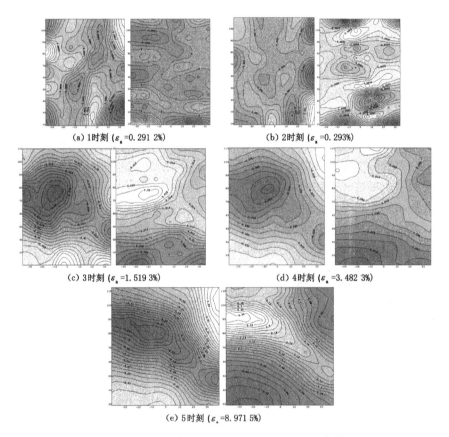

图 2-24　偏压 2.5 路径 3-2 径向应变和轴向应变等值线图

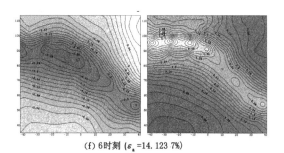

(f) 6 时刻 (ε_a =14. 123 7%)

图 2-24(续)

（6）偏压 2.5 其他路径的破坏过程

图 2-25 所示为偏压固结比为 2.5 时路径 1 的试验结果。图 2-25(a)、(b)、(c)和(d)分别是试样初始时刻和结束时刻(轴向应变 25%)的试样图像、径向和轴向等值线图。从径向应变云图可见,试样呈非对称鼓胀破坏形式。

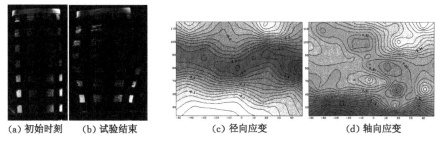

（a）初始时刻　（b）试验结束　　　（c）径向应变　　　　　（d）轴向应变

图 2-25　偏压 2.5 路径 1

图 2-26 所示为偏压固结比为 2.5 时路径 2 的试验结果。图 2-26(a)、(b)、(c)和(d)分别是试样初始时刻和结束时刻(轴向应变 25%)的试样图像、径向和轴向等值线图。从轴向应变云图可见,试样破坏形式为单一剪切带,且这条剪切带是非连续的。

图 2-27 所示为偏压固结比为 2.5 时路径 4 的试验结果。图 2-27(a)、(b)、(c)和(d)分别是试样初始时刻和结束时刻(轴向应变 25%)的试样图像、径向和轴向等值线图。从应变云图可见,试样呈鼓胀破坏形式。

偏压 2.5 路径 3 的剪切时间都为 90 min,25% 的应变控制。应力路径和有效应力比如图 2-28 所示,可见同样的应力路径,实现的方式不同,应力应变关系和变形破坏形式都不相同。

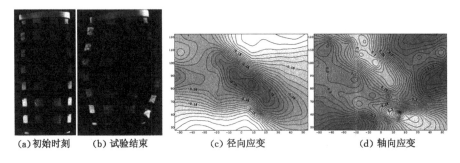

（a）初始时刻　（b）试验结束　　　（c）径向应变　　　　　（d）轴向应变

图 2-26　偏压 2.5 路径 2

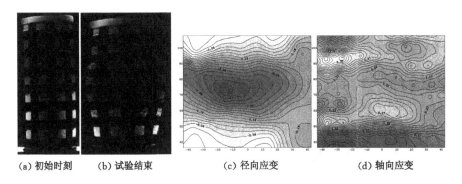

（a）初始时刻　（b）试验结束　　　（c）径向应变　　　　　（d）轴向应变

图 2-27　偏压 2.5 路径 4

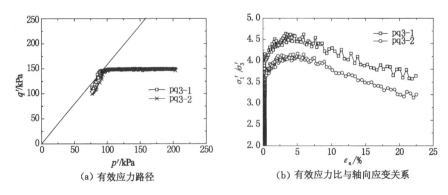

（a）有效应力路径　　　　　　　　（b）有效应力比与轴向应变关系

图 2-28　偏压 2.5 路径 3 的应力路径和有效应力比曲线

2.4.3.3　破坏过程规律

所有应力路径试样的破坏都表现出应变集中区出现、竞争发展、稳定的过程，而应变集中区域出现在峰值之前，说明有效应力比峰值之前破坏形式已经确定,宏观稳定,即形成剪切带是在峰值应力之后。详细分析偏压 2.0 的路径 3-2,如图 2-29 所示。

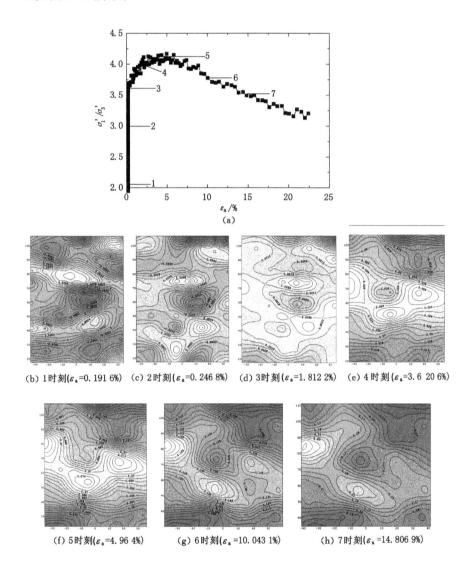

(b) 1 时刻(ε_a=0.191 6%)　(c) 2 时刻(ε_a=0.246 8%)　(d) 3 时刻(ε_a=1.812 2%)　(e) 4 时刻(ε_a=3.6 20 6%)

(f) 5 时刻(ε_a=4.96 4%)　(g) 6 时刻(ε_a=10.043 1%)　(h) 7 时刻(ε_a=14.806 9%)

图 2-29　偏压 2.0 路径 3-2 的代表性时刻轴向应变等值线图

这个路径是增加反压的过程,即通过增加试样内孔隙水压力模拟地下水位的上升。偏压固结径向应力 150 kPa、轴向应力 300 kPa,在增加反压的初始阶段,试样在径向和轴向应力作用下颗粒排列紧密,颗粒排列不均匀的区域可看作初始缺陷,如图 2-29 中 1 时刻所示,1~2 时刻轴向应变场的应变都很小。随着孔隙水压力的增加,应变初始发展,3 时刻轴向应变为 1.812 2%,整体轴向应变明显增加,说明已经形成应变集中区域,轴向应变等值线图已经可见贯通试样左右的应变集中区域。达到试验峰值 4 时刻轴向应变为 3.620 6%,轴向应变在已有的应变集中区域继续发展。过峰值后 5 时刻轴向应变为 4.964%,有效应力减小到不能维持原始颗粒排列,局部颗粒摩擦丧失,在左侧应变集中区域出现与之交叉的新的应变集中趋势。6 时刻当轴向应变达到 10.043 1% 的时候形成了交叉的两条应变局部化区域。由变形的发展过程可见,初始应变局部化区域是在有效应力比峰值之前确定,宏观剪切带完全形成于峰值应力之后。初始产生和形成宏观连续剪切带之间的过程是内部不同方向剪切带之间竞争的过程。

同样是路径 3-2,偏压 2.5 试样的破坏则表现出单一剪切带过程,如图 2-30 所示。

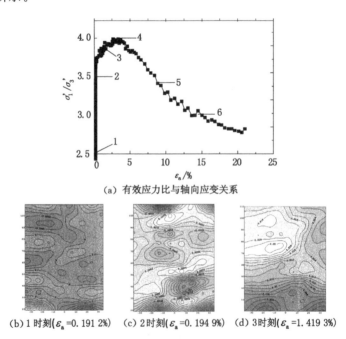

(a) 有效应力比与轴向应变关系

(b) 1 时刻(ε_a=0.191 2%)　(c) 2 时刻(ε_a=0.194 9%)　(d) 3 时刻(ε_a=1.419 3%)

图 2-30　偏压 2.5 路径 3-2 代表性时刻轴向应变等值线图

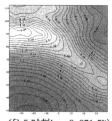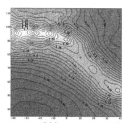

　(e) 4 时刻(ε_a=3.382 3%)　　(f) 5 时刻(ε_a=8.871 5%)　　(g) 6 时刻(ε_a=14.023 7%)

图 2-30(续)

2.5　三轴拉伸条件下土体渐进破坏过程试验研究

2.5.1　三轴拉伸试验仪器

　　GDS 多功能静三轴仪可以进行拉伸试验,拉伸试验的关键是挤长过程中应能保证试样与试验装置不能脱离。与压缩试验的试验帽不同,挤长试验使用的上端部试样帽由三部分组成,即与轴向力传感器相连的顶帽、与试样顶部相连的底帽和中间连接胶套,如图 2-31 所示。

　　　(a) 拉伸试样帽和连接部分　　　　　　(b) 试验时的连接方式

图 2-31　拉伸试验装置

　　试验过程中将连接胶套小口端套在试样顶部试验帽上,试验初始升起底盘,使胶套扩口端包住与轴向力传感器相连的顶帽,要严格保证胶套的位置不能歪斜,为了保证密封性,可以适当涂抹凡士林。连接好后将胶套与顶帽和底帽间的气体吸出即可实现试样与轴向力传感器的完全连接。轴向力传感器的量程是 2 kN,拉伸试验轴向拉力能达到约-1.9 kN。

2.5.2　试验路径设计

三轴拉伸试验,简称 TE 试验,基于压缩应力路径试验设计,拉伸路径试验即在对应条件进行,主要有以下三种应力路径:

① 普通三轴拉伸试验,简称 CTE 试验。这时,$\Delta\sigma_1=0$,$\Delta\sigma_3>0$,相应有 $\Delta\varepsilon_1<0$,$\Delta\varepsilon_2=\Delta\varepsilon_3>0$。

② 减压三轴拉伸试验,简称 RTE 试验。这时,$\Delta\sigma_3=0$,$\Delta\sigma_1<0$,相应有 $\Delta\varepsilon_1<0$,$\Delta\varepsilon_2=\Delta\varepsilon_3>0$。

③ $p=$const 的试验,简称 PTE 试验。试验中保持 p 不变,这时,$\Delta\sigma_1<0$,$\Delta\sigma_3>0$,相应有 $\Delta\varepsilon_1<0$,$\Delta\varepsilon_2=\Delta\varepsilon_3>0$。

2.5.3　试验结果分析

图 2-32 是试样拉伸试验试样的破坏图片,由图可见拉伸试样最后的破坏形式主要有两种:一种是平截面均匀的颈缩;一种是斜截面的局部化剪切带。

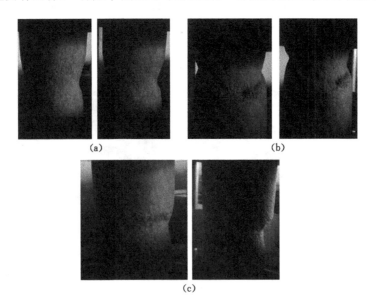

图 2-32　拉伸试样破坏形式

图 2-33 和图 2-34 是等压固结条件拉伸试验结果,分别是试验实现的有效应力路径、有效应力比和剪应力的轴向应变曲线。有效应力路径控制准确,有效应力比过峰值后不同路径有所差异。其中,常轴压围压减小,试验

下降最慢;常围压轴向力减小,试验下降最快,其剪应力也表现出明显的软化特性。

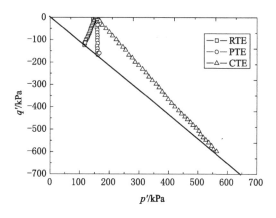

图 2-33 等压固结条件有效应力路径

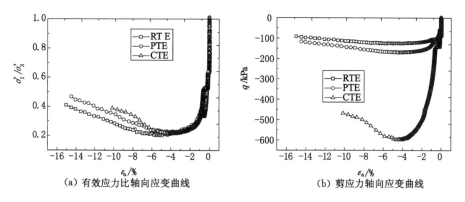

(a) 有效应力比轴向应变曲线   (b) 剪应力轴向应变曲线

图 2-34 等压固结条件有效应力比和剪应力与应变关系

图 2-35 所示为等压固结时的压缩和拉伸试验所有路径。

图 2-36 和图 2-37 所示为偏压固结应力比为 2.0 时的拉伸试验结果,分别是有效应力路径、有效应力比和剪应力与轴向应变曲线。

图 2-38 所示为偏压固结应力比为 2.0 时的压缩和拉伸试验所有路径。

图 2-39 和图 2-40 所示为偏压固结应力比为 2.5 时的拉伸试验结果,分别是有效应力路径、有效应力比和剪应力与轴向应变曲线。其中,pq7 路径没有走完,是因为受到了轴力传感器量程限制。

图 2-41 所示为偏压固结应力比为 2.0 时的压缩和拉伸试验所有路径。

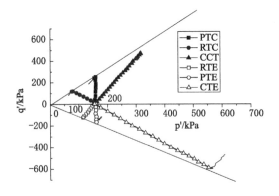

图 2-35 等压固结应力路径

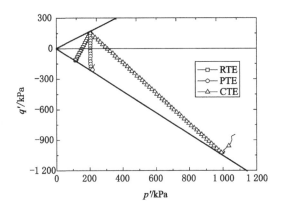

图 2-36 偏压 2.0 有效应力路径

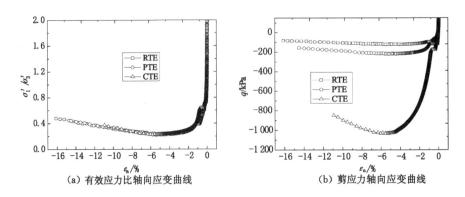

图 2-37 偏压 2.0 有效应力比和剪应力与应变关系

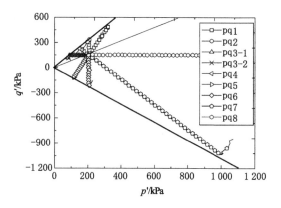

图 2-38　偏压 2.0 的应力路径

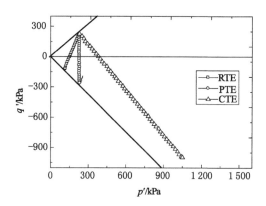

图 2-39　偏压 2.5 有效应力路径

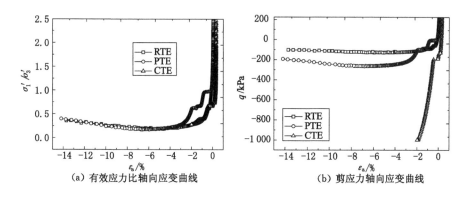

（a）有效应力比轴向应变曲线　　　　　（b）剪应力轴向应变曲线

图 2-40　有效应力比和剪应力与应变关系

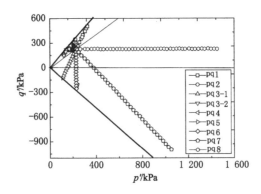

图 2-41　偏压 2.5 的应力路径

　　总之,从等压固结和偏压固结的应力路径实现情况看,各种路径都能够控制好。不同应力路径均得到一条合理的破坏线,压缩破坏有效应力比 $M=q'/p'$ 约为 1.5,拉伸破坏有效应力比 $M=q'/p'$ 约为 -1.1。

　　压缩应力路径达到破坏线位置后,增 p 路径沿着原路径返回,等 p 和减 p 路径沿破坏线向原点折回。拉伸试验应力路径达到破坏线位置后,减 p 路径沿着原路径返回,等 p 和增 p 路径沿着与拉伸破坏线呈夹角方向发展。

　　不同应力路径试验的剪应力、有效应力比与轴向应变的关系曲线,剪应力和有效应力比表现出软化现象。从拉伸试验的有效应力比与轴向应变关系可见,随着固结应力比的增加,有效应力比的峰值增加,峰值后的软化程度减弱。

2.6　端部约束和初始缺陷的不均匀性影响研究

　　采用数字图像系统得到的不同应力路径条件下,试样不同时刻变形图像和表面应变场可见试样的破坏是一个渐进的变形过程,宏观剪切带是由土样的局部非均匀变形引起的,而非均匀变形与试验条件和试样本身有关,端部约束和初始缺陷是两个重要方面。

2.6.1　端部约束因素

　　从上述压缩和拉伸试验可以看到试样的宏观破坏形态如图 2-42 所示。试样上下端部变形明显受到约束,这种由试样帽和透水石等引起的端部摩擦作用称为端部约束。

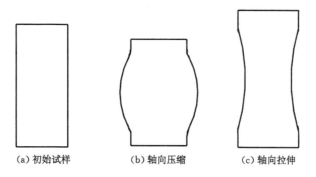

(a)初始试样　　　　(b)轴向压缩　　　　(c)轴向拉伸

图 2-42　端部约束影响

基于固结压力为 150 kPa 的常规三轴固结排水试验,分析端部摩擦效应,考虑试样实际高度,将 6 排标志块范围内试样分为上端部、中部和下端部三个部分,中间 4 行标志块区域认为是中部,具体如图 2-43 所示。

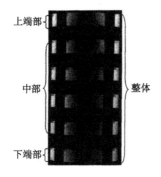

图 2-43　试样不同部位

端部摩擦主要约束试样端部的径向位移,按照式(2-5)计算径向应变,为了得到更为精确的结果,采用每行或列边缘标志块 4 个角点的平均值作为应变的计算值,可得到 6 排标志块的 6 个径向应变和 4 列标志块的 4 个轴向应变。图 2-44 是 GDS 和数字图像测量系统(DIS)得到的试样各部分径向应变 ε_r、轴向应变 ε_a 随时间 t 的变化过程。GDS 径向应变由试样体积改变计算得到,轴向应变由位移传感器读数计算得到。图 2-44(a)中 DIS 得到的整体径向应变平均值,与 GDS 得到的数值相等,也证明了数字测量系统结果的有效性,而试样中部反映试样不受端部摩擦效应影响的真实径向应变,明显高于整体平均值,上下端部径向应变受端部摩擦效应影响越来越大。图 2-44(b)中

DIS 整体和中部轴向应变相差不大,说明轴向应变受端部影响不明显。数字图像测量系统的轴向应变与 GDS 由位移传感器得到的轴向应变在试验初期相差不大,试验后期时 DIS 得到的轴向应变大于 GDS 的平均轴向应变。

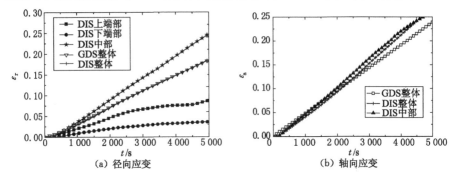

图 2-44　各部分径向和轴向应变关系

　　试样的轴向力利用 GDS 系统的轴向力传感器测量,试样不同高度的截面积通过 DIS 获得,根据轴向力与截面积计算试样的剪应力。GDS 系统剪应力为轴向应力和径向应力的差值。两种方法得到的结果如图 2-45 所示,可见整体平均值几乎相等。上下端部的剪应力要明显高于平均值,试样中部的剪应力低于平均值且峰值最早出现,原因在于端部摩擦导致试样变形呈中间鼓胀形式,中间部分随着加载其径向应变大于端部,试样截面积较大,所以剪应力较小。

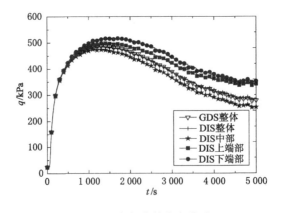

图 2-45　各部分剪应力关系

　　从图 2-44 和图 2-45 总体来看,试样的变形发展过程主要经历三个阶段,第一阶段试样各部分变形一致,呈均匀变形,这从图 2-45 剪应力关系能够清楚看到,前 500 s 各部分基本一致;第二阶段各部分变形线性增长,变形速率开始有差别,一直到峰值剪应力,剪切带形成趋势已定;第三阶段是过峰值阶段,变形主要集中在剪切带区域,试样端部变形接近稳定。

以试样中部的结果为试验真值,与整体结果对比,分析端部摩擦效应的影响程度,相对误差结果见表 2-6。随着轴向应变的增加,端部摩擦引起的试验误差逐渐增大,径向应变的相对误差已超过 10%。剪应力的相对误差也随着轴向应变的增大而增大。相对误差分析表明,端部摩擦对土样整体应力应变的影响很大,研究中不能忽略。

表 2-6　径向应变和剪应力相对误差表

$\varepsilon_a/\%$		2.35	4.73	5.82	10.01	15.01	20.01
ε_r	DIS	0.011 96	0.035 83	0.048 02	0.095 11	0.151 1	0.205 81
	GDS	0.013 22	0.031 62	0.040 76	0.076 3	0.117 5	0.155 65
	误差	10.54%	11.75%	15.12%	19.78%	22.24%	24.37%
q/kPa	DIS	412.440 43	469.251 34	476.047 3	437.532 11	345.808 37	280.141 96
	GDS	419.206 5	481.831 1	491.041 6	459.175 1	368.416 1	303.938 3
	误差	1.64%	2.68%	3.15%	4.95%	6.54%	8.49%

2.6.2　初始缺陷因素

材料的初始不均匀性同端部摩擦效应一样不可避免,也是土的固有属性。考虑初始缺陷效应对试样力学响应影响,下文利用试样中部的测量结果,分析宏观不均匀土样的剪切带形成过程。ISO 标准中中级砂颗粒相对均匀,为了分析材料的初始不均匀性影响,人为设置初始缺陷,在试样的表面放置一个粉质黏土块,尺寸为 2.5 cm×2.5 cm×1.5 cm,位置在标志块第 2 和第 3 列之间,测试不均匀试样剪切带的形成过程。

图 2-46 所示为数字图像测量系统得到的试样中部剪应力与轴向应变关系,选取 6 个应变状态分析试样的变形特性,图 2-47 所示为与图 2-46 对应点处的试样图像和轴向应变等值线图。

图 2-46 的 1 时刻,剪切加载至轴向应变为 0.01%,图 2-47(a) 中方框为粉质黏土块位置,对应的轴向应变场相对均匀,较小的不均匀性是由透水石与土样接触的不均匀性所致。图 2-46 的 2 时刻为轴向应变加载至 0.67%,在

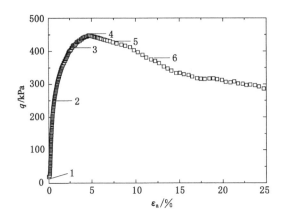

图 2-46 剪应力与轴向应变的关系

图 2-47(b)的中可见缺陷处引起的应变集中区域,该区域有一环状等值线的集中点,该点处应变最大。图 2-46 的 3 时刻为轴向应变加载至 2.91%,图 2-47(c)中应变集中点向上扩展,与原有应变集中区域竞争局部变形,远离缺陷的区域初始应变集中现象减弱。图 2-46 的 4 时刻为峰值时刻,轴向应变加载至4.91%,从轴向应变等值线图 2-47(d)可以看出,初始缺陷对应的应变集中区域内部开始形成两个集中点,分别对应缺陷的上下边缘,该边缘处材料的刚度梯度最大,试样上下端部应变基本不变,变形向缺陷处集中。试样图像上第 2 行第 2 列标志块,即缺陷上边缘位置已可见轴向变形,宏观的剪切带已开始形成。图 2-46 的 5 时刻为轴向应变加载至7.43%,这一阶段剪应力曲线较陡,说明剪应力一过峰值迅速下降,图 2-47(e)中应变集中区域有分裂趋势,可见集中变形无法穿越粉质黏土块,沿着其与砂土边界发展。轴向应变等值线图中形成贯通试样左右的等值线带,说明连续的剪切带已经形成,此后应变集中区域不再变化,试样变形都集中于此。图 2-46 的 6 时刻为轴向应变加载至 11.78%,图 2-47(f)中的应变集中区域沿着缺陷上下边缘分离为两个区域。从剪应力曲线上看,与 5 时刻相比应力斜率有所变化,说明应变集中区域已向砂土中沿着垂直平面方向发展。

由变形的发展过程可见,宏观剪切带是在峰值应力之前开始,完全形成于峰值应力之后。初始产生和形成宏观连续剪切带之间的过程是内部不同方向剪切带之间竞争的过程。这种竞争直到峰值时刻,所以试样在有集中变形时仍然表现出较高的承载能力。

对于砂土剪切带的形成可从细观颗粒排列来分析,颗粒的排列形式形成

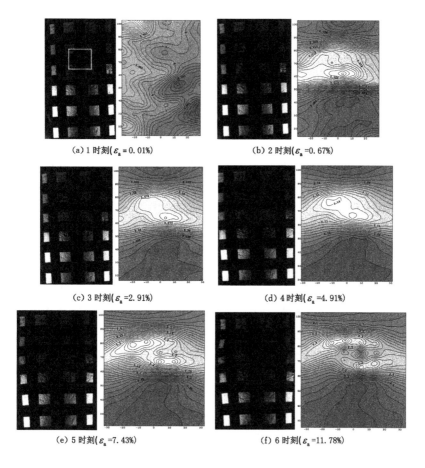

(a) 1 时刻(ε_a=0.01%)　　　　　　(b) 2 时刻(ε_a=0.67%)

(c) 3 时刻(ε_a=2.91%)　　　　　　(d) 4 时刻(ε_a=4.91%)

(e) 5 时刻(ε_a=7.43%)　　　　　　(f) 6 时刻(ε_a=11.78%)

图 2-47　代表性时刻图像与轴向应变等值线图

了相互作用的力平衡体系是试样承载能力的主要来源。试样剪切初期的颗粒排列表现出一定的抗压能力,试样变形以压缩为主;随着剪切过程继续,由于初始不均匀造成材料受力不均匀,缺陷位置处颗粒排列变化并产生剪切应变,试样抗剪能力发挥;不均匀变形继续发展到颗粒排列达到不稳定时刻可能出现颗粒的旋转,形成沿着应力集中区域的颗粒连续滑动,排列形式被破坏,宏观上就是连续的剪切带。对于设置初始缺陷的条件,与颗粒之间的排列相比,粉质黏土块与颗粒界面的接触相对较弱,易在界面处形成刚度的不连续,变形以界面为主导,形成连续剪切带。

2.7 本章小结

基于数字图像测量技术改进了 GDS 多功能静三轴仪,进行了黏质粉土和标准砂的一系列常规试验和应力路径试验,得到了整体和局部应力应变关系、每一时刻试样变形图片和应变等值线云图等;研究了土工试验中土样端部摩擦效应,并分析了初始不均匀土样剪切带的形成过程,得出如下结论:

(1)引入数字图像测量技术改进 GDS 多功能静三轴仪,能够得到整体和局部两套数据系统。试样的三轴压缩条件下试样破坏模式有均匀鼓胀、单一剪切带和交叉剪切带三种形式,三轴拉伸试样破坏模式有均匀颈缩和单一剪切带形式。中级砂的应力路径试验表明,固结应力比(1.0、2.0、2.5)越高,有效应力比的峰值越低,峰值之后有效应力比下降越快。试样的剪切带在有效应力比峰值之前已经开始发展,宏观稳定是在有效应力比峰值之后,初始产生和形成宏观连续剪切带的过程是不同方向剪切带之间的竞争过程。

(2)不同应力路径条件下的试验表明试样破坏过程和形式与应力路径密切相关。对于轴向应力增加的路径(保持径向应力不变和保持 p 不变的路径),试样最终破坏形式为宏观剪切带,以单一剪切带为主。轴向应力为常数、径向应力减小的应力路径,试样的最终破坏形式均是鼓胀形式。有效轴向应力和径向应力都减小的路径,以总应力减小的方式实现时,试样呈鼓胀破坏;以增加孔隙水压力的方式实现时,试样形成宏观剪切带,有交叉和单一两种形式。交叉剪切带和宏观鼓胀的破坏形式的区别:鼓胀破坏具有端部约束区域与试验中部未受端部约束影响的区域的分界;交叉剪切带主要表现为端部约束影响造成试样受力不均匀,轴向应变场出现不是平行而是交叉应变集中区域。

(3)宏观剪切带的形成源于土的不均匀性,端部摩擦效应与初始缺陷都能引起试样的不均匀变形。对土样端部摩擦效应的研究表明,端部摩擦效应对土样力学特性试验结果的影响不能忽略,对径向应变的影响超过 10%,常规三轴试验得到的整体径向应变过小,整体剪应力偏大,峰值较真实值出现晚。

(4)砂土颗粒的排列形式形成了相互作用的力平衡体系,是试样承载能力的主要来源。砂土中设置粉质黏土块的不均匀设置方法可行,不均匀单元的界面处形成刚度的不连续过渡,导致应力集中,并引起变形的不均匀发展,进而产生宏观连续的剪切带,变形集中在剪切带区域发展直至试样破坏。

第3章 平面应变条件下土体渐进破坏过程模拟与机理分析

3.1 引言

本章在平面应变条件下,分析不均匀性对土体剪切带产生的影响,研究端部约束、初始缺陷和共同作用条件对剪切带产生和发展的影响,考虑随机缺陷等不同边界条件情况。

3.2 数值计算的本构模型

3.2.1 不同本构模型简介

岩土工程数值模拟中广泛使用的有 Mohr-Coulomb(M-C)、Durker-Prager(D-P)和 Modifed Cam-Clay(M C-C)模型。M-C 模型与 D-P 模型的屈服面和塑性势面如图 3-1 所示。其中,p 为平均应力;q 是剪应力;φ 是 p-q 面上 M-C 屈服面的夹角,即内摩擦角;c 是黏聚力;R_{mc} 是控制屈服面在 π 平面形状的参数;R_{mw} 是控制塑性势在 π 平面的形状;ψ 是剪胀角;D-P 模型中的 d 和 β 是与黏聚力和内摩擦角相关的参数。

M-C 模型屈服面函数为:

$$f = R_{mc}q - p\tan\varphi - c = 0 \tag{3-1}$$

$$R_{mc} = \frac{1}{\sqrt{3}\cos\varphi}\sin\left(\Theta + \frac{\pi}{3}\right) + \frac{1}{3}\cos\left(\Theta + \frac{\pi}{3}\right)\tan\varphi \tag{3-2}$$

$$\cos 3\Theta = \frac{r^3}{q^3} \tag{3-3}$$

式中,Θ 是极偏角;r 是第三偏应力不变量 J_3。

M-C 模型塑性势函数为:

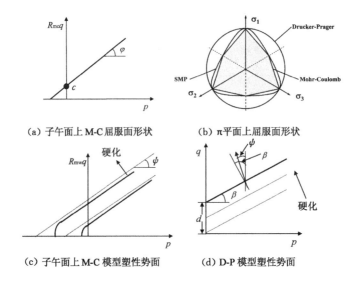

（a）子午面上 M-C 屈服面形状　　（b）π 平面上屈服面形状

（c）子午面上 M-C 模型塑性势面　　（d）D-P 模型塑性势面

图 3-1　模型屈服面

$$G = \sqrt{(\omega c_0 \tan \psi)^2 + (R_{mw} q)^2} - p \tan \psi \tag{3-4}$$

$$R_{mw} = \frac{4(1-e^2)\cos^2 \Theta + (2e-1)^2}{2(1-e^2)\cos \Theta + (2e-1)\sqrt{4(1-e^2)(\cos \Theta)^2 + 5e^2 - 4e}} R_{mc}\left(\frac{\pi}{3}, \varphi\right) \tag{3-5}$$

$$e = \frac{3 - \sin \varphi}{3 + \sin \varphi} \tag{3-6}$$

式中，ω 是子午面上的偏心率，控制 G 在子午面上的形状与函数渐进线之间的相似度，默认为 0.1；e 是 π 平面上的偏心率。

M-C 模型的硬化规律：模型可以考虑屈服面大小的变化，通过控制黏聚力的大小实现，指定黏聚力与等效塑性应变的关系。

D-P 模型屈服面函数为：

$$f = q - p \tan \beta - d = 0 \tag{3-7}$$

D-P 模型塑性势函数为：

$$G = q - p \tan \psi \tag{3-8}$$

D-P 模型的硬化规律：控制屈服面大小的变化是通过等效应力实现的，等效应力有单轴抗压强度、单轴抗拉强度和黏聚力三种形式。

英国剑桥大学 Roscoe（罗斯科）等在正常固结黏土和弱超固结黏土试样的三轴试验基础上，发展了 Rendulic（伦杜利克）提出的饱和黏土有效应力和孔隙比成唯一关系的概念,根据能量方程建立了剑桥模型。后针对能量原理和正交流动法则进行修正,形成了椭圆屈服线的修正剑桥模型。图 3-2 所示为在 ABAQUS 中扩展的修正剑桥模型的屈服面。

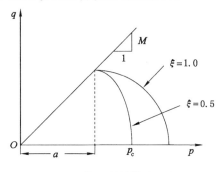

图 3-2　修正剑桥模型屈服面

在 p-q 平面内修正剑桥模型的屈服函数 f 为:

$$f = \frac{1}{\xi^2}\left(\frac{p}{a} - 1\right)^2 + \left(\frac{q}{Ma}\right)^2 - 1 = 0 \tag{3-9}$$

式中,p 为平均应力,其大小为 $p = \dfrac{\sigma_1 + \sigma_2 + \sigma_3}{3}$;$q$ 为剪应力,其大小为 $q = \dfrac{1}{\sqrt{2}}\sqrt{(\sigma_1 - \sigma_2)^2 + (\sigma_2 - \sigma_3)^2 + (\sigma_3 - \sigma_1)^2}$;$\xi$ 为修正屈服函数形状的常量;M 为临界状态应力比即剪应力与平均应力比值 q/p;a 决定屈服面的大小。

修正剑桥模型采用相关联流动法则,塑性势面与屈服面相同。M C-C 模型通过 p_c 来控制屈服面大小的变化,将 a 作为硬化参数,两者之间的关系为 $a = p_c/(1 + \xi)$。

3.2.2　不同模型计算影响

3.2.2.1　有限元模型

基于有限元方法对 2.3 节中北京黏质粉土三轴压缩试验进行数值模拟,考虑试样的对称性,取过试样轴心截面的一半为计算模型,如图 3-3 所示,使用带孔压的轴对称单元。

试样上下端部是位移边界条件,非对称轴一侧是力边界条件。剪切过程试样上下端部约束水平位移模拟完全摩擦作用。试样尺寸为 25 mm×100 mm×1 mm,划分 10×40＝400 (个)单元。模拟过程分两步:第一步施加等向固结压力;第二步进行应变控制加载。

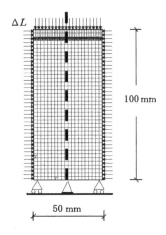

图 3-3　有限元模型与边界条件

3.2.2.2　修正剑桥模型

　　模拟正常固结黏土,临界状态应力比 $M=1.5$,$\xi=0.3$,等向压缩系数 $\lambda=0.174$,等向回弹系数 $\kappa=0.026$,初始孔隙比 $e_0=0.889$,泊松比 $\nu=0.3$。a 与 ξ 的关系为 $a=p_c/(1+\xi)$,所以当固结压力 p_c 为 50 kPa、100 kPa、150 kPa 时,屈服面参数 a 分别是 38.46 kPa、76.92 kPa、115.39 kPa。图 3-4 所示为排水条件修正剑桥模型计算结果与试验结果对比,图 3-5 和图 3-6 所示为不排水条件修正剑桥模型计算结果与试验结果对比。

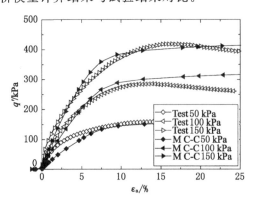

图 3-4　剪应力与轴向应变曲线

　　由图 3-4～图 3-6 可见,M C-C 模型能够用于模拟北京黏质粉土的固结排水试验和固结不排水试验,能够反映不同固结压力条件下初期弹性模量的变

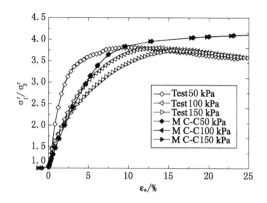

图 3-5 有效应力比与轴向应变曲线

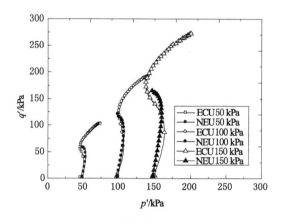

图 3-6 固结不排水应力路径

化。M C-C 模型塑性变形伴随着体积改变的发生,若软化部分体积膨胀,则硬化部分被压缩,所以模型本身不能反映剪胀,对于峰值应力后的下降段效果不能反映。不同固结压力条件下有效应力比一致,相变状态前的不排水有效应力路径吻合很好。

3.3 平面应变条件下土体剪切带的产生条件

3.3.1 模型与试验条件

采用修正剑桥模型,正常固结土的土性参数取 Sam[134] 书中的模拟参数,

其中等向压缩系数 $\lambda = 0.174$，等向回弹系数 $\kappa = 0.026$，初始孔隙比 $e_0 = 0.889$，泊松比 $\nu = 0.28$，临界状态应力比 $M = 1$，拉压应力比参数 $K = 1$，试样初始屈服强度 $a_0 = 50$ kPa，$\xi = 1.0$。采用带孔压的平面应变单元 CPE8RP，渗透系数 $k = 25$ mm/s。

平面应变试验条件：试样尺寸为 50 mm×100 mm×1 mm，划分为 20×40＝800（个）单元，模拟过程分两个步骤：第一步施加固结压力均为 100 kPa；第二步进行应变控制加载，竖向加载速率为 0.008 mm/s，远小于渗透系数，孔隙水能够充分流动，试样内孔压均匀。试样的边界条件如图 3-7 所示，上下端部是位移边界条件，加载过程中各点竖向应变始终相等；左右两侧是力的边界条件，试样底部中心点固定。以下分别从排水条件、端部约束、初始缺陷三个方面分析剪切带的产生条件。

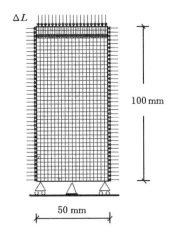

图 3-7 有限元模型与边界条件

3.3.2 端部约束的影响

数值计算中的端部约束模拟试验过程中试样端部受到压头和透水石等的摩擦作用，这种端部接触造成的摩擦作用伴随整个加载过程。试验过程中无法完全避免端部约束的影响，而数值模拟中可以完全消除或者部分消除端部约束作用。

3.3.2.1 部分摩擦条件

通过设置接触条件的摩擦系数模拟部分摩擦作用。修正剑桥模型不能考虑剪胀的条件，考虑剪胀的影响时使用 D-P 模型。平面应变试验条件：试样尺寸为 50 mm×100 mm×1 mm,划分 20×40＝800（个）CPE4 单元,密度为 1.9 g/cm³,剪胀角 ψ 和与内摩擦角有关的参数 β 相等取 45°,与黏聚力有关的 D-P 模型参数 d 取 35 kPa。弹性模量为 $2.1×10^7$ Pa,泊松比为0.3,试样顶部设置与刚性压板的摩擦接触,摩擦系数为 0.3,围压为 100 kPa,竖向压缩0.01 m,即轴向应变 10%。

当 $\beta=\psi$ 时,试样破坏形式相近,剪胀角越大应力集中区域越大,如图 3-8 所示的应力云图和等效塑性应变云图,剪胀角 ψ 约为 0,与内摩擦角有关的参数 β 不同情况的应力和等效塑性应变云图如图 3-9 所示。β 较大时,试样出现非对称的剪切带。

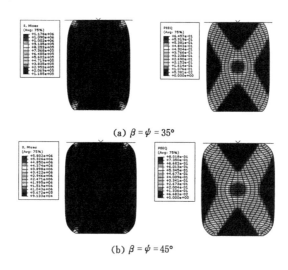

(a) $\beta = \psi = 35°$

(b) $\beta = \psi = 45°$

图 3-8　剪胀角和屈服线夹角相等

围压为 100 kPa,与内摩擦角有关的参数 β 为 45°,剪胀角为 0.1,设置左上角一个缺陷单元,与黏聚力有关的参数 d 为 3.5 kPa,计算应力和等效塑性应变云图以及应力应变曲线如图 3-10 所示。可见试样出现非对称的单一剪切带,从缺陷单元一侧开始,但是在缺陷单元位置下形成应变集中区域。由应力关系可见,剪应力很快达到峰值,峰值后剪应力有所降低。

3.3.2.2　完全约束条件

当使用修正剑桥模型计算上端部设置不同摩擦系数条件时,应力应变关系差别不大。下文使用修正剑桥模型参数模拟端部完全粗糙条件,即试样端部与压头接触处不能产生水平相对位移的情况。

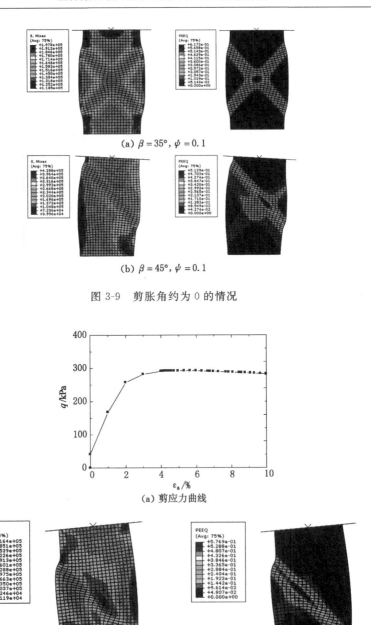

(a) $\beta = 35°$, $\psi = 0.1$

(b) $\beta = 45°$, $\psi = 0.1$

图 3-9　剪胀角约为 0 的情况

(a) 剪应力曲线

(b) Mises应力　　　　　　　　　　　　(c) 等效塑性应变

图 3-10　含初始缺陷的情况

试样在 100 kPa 围压下固结后,进行应变控制加载。排水条件下,剪切过程中的顶部粗糙和上下端部粗糙的情况:当轴向应变为 30%,应力和剪应变云图如图 3-11 和图 3-12 所示。

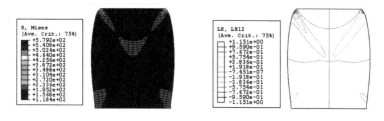

图 3-11　排水条件下试样顶部粗糙

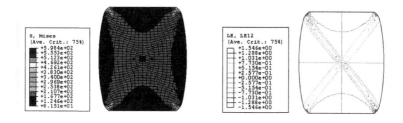

图 3-12　排水条件下试样上下端部粗糙

因试样的渗透系数远大于剪切速率,孔隙水能够在试样内部充分流动,试样各点孔压均匀,试样孔压能够控制在 0 kPa。从顶部粗糙和上下端部粗糙情况应力应变云图可见,试样整体呈左右对称的均匀鼓胀破坏形式。端部约束导致角点应力集中,引起变形集中,形成交叉的剪切带。

对于不排水的条件,因端部约束条件的施加产生了明显的剪切带,轴向应变为 10%、20% 时对数剪应变的云图如图 3-13 和图 3-14 所示。不排水条件下在应变较小时就能形成宏观剪切带,与试样体积变化相关。

固结不排水条件下在剪切加载过程中,试样总体积不变,平均孔隙比不变。由于顶部摩擦约束导致不同单元受力不均,产生不均匀变形,在整个土样中孔隙率重新分配,孔隙率等值线图如图 3-15 所示,出现了孔隙率明显提高、有效应力降低的区域,该区域土单元的承载能力显著降低,进而集中变形形成剪切带。上述观点与 Oda 等[20]的光弹性颗粒材料试验得到的剪切带处的孔隙率显著提高的变化规律一致。

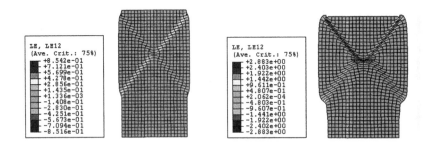

图 3-13　不排水条件下顶部约束不同应变情况

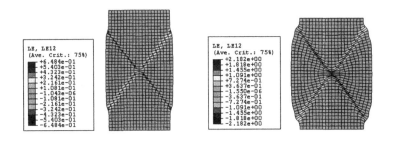

图 3-14　不排水条件下上下端部约束不同应变情况

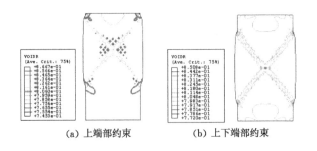

（a）上端部约束　　　　　（b）上下端部约束

图 3-15　孔隙率等值线图

深入分析产生剪切带时土样变形规律，以上端部约束条件为例，试样孔隙水压力和轴向应力应变关系如图 3-16 所示。图 3-16（a）提取的是试样上下端部的孔隙水压力曲线，上下端部孔隙水压力一致，说明试样内部孔压均匀变化；图 3-16（b）显示的是竖向应力与轴向应变关系曲线，可见轴向应变 4％达到峰值后表现轻微软化现象。在试样上下靠近端部选取两个截面，如

图 3-17(a)所示。截面 1、截面 2 上各单元的平均水平对数应变随时间的变化曲线如图 3-17(b)所示,水平对数应变的发展可以分为三个阶段:剪切开始到剪切至 84 s 为第一阶段,该阶段整个试样受力较小,端部摩擦约束不影响两个截面的变形,两个截面上的平均水平对数应变一致增长;第二阶段是 84 s 到 495 s,该阶段端部摩擦约束开始影响截面 1 处的变形,导致截面 1 处的平均水平对数应变小于截面 2 处的水平平均对数应变;第三阶段是 495 s 至计算结束,该阶段试样的变形主要发生在剪切带区域,截面 1 处的平均水平对数应变显著增加,截面 2 处的平均水平对数应变几乎不变。截面 1、截面 2 上各单元的平均竖向对数应变随时间的变化曲线如图 3-17(c)所示,与平均水平对数应变规律类似。

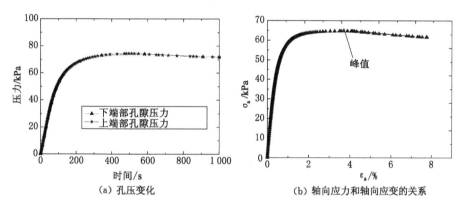

（a）孔压变化　　　　　　　（b）轴向应力和轴向应变的关系

图 3-16　试样上下端部约束情况孔压和应力应变曲线

　　对于试样整体来说,试样端部约束左右对称,形成了左右对称型的剪切带,上下非对称的端部约束最后形成了上下非对称的剪切带,可见试样中剪切带的形成模式受应力场影响,均匀材料只有非对称的受力才能导致非对称的变形。试样整体上下左右都对称,对于某个单元来说,也存在上下非对称的受力情况。

　　上述分析表明,在均匀试样上施加端部摩擦约束,导致试样内各单元受力不均匀,进而引起不均匀变形,形成宏观剪切带。可见,在试样上施加端部摩擦约束,改变了试样受力的均匀性,是试样产生剪切带的外部原因之一。

3.3.3　初始缺陷的影响

　　初始缺陷是存在于试样中的初始不均匀情况,试样在经过制备和安装过

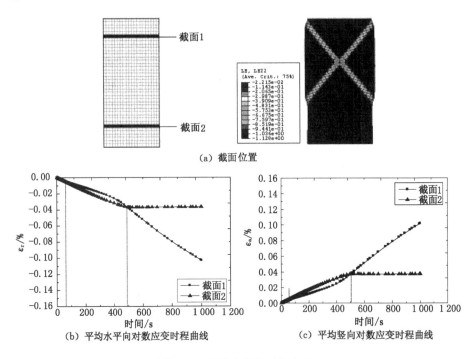

(a) 截面位置

(b) 平均水平向对数应变时程曲线

(c) 平均竖向对数应变时程曲线

图 3-17　不排水条件对数应变

程后,很难保证表面和内部的完全均匀,这对试样受力产生影响。前文的人工初始不均匀试验已经表明,当缺陷达到一定程度,对试样剪切过程会产生严重影响。数值模拟初始缺陷是指在均匀试样内部设置弱单元,弱单元的强度和刚度都不同于正常单元。下面分析初始缺陷对数值模拟中剪切带产生的影响。对试样上下边界完全光滑时不同部位设置缺陷单元。

3.3.3.1　不同缺陷实现方法

初始缺陷反映了试样本身的不均匀性。初始缺陷的模拟采用设置另外一种材料参数的方式来施加,参数可以选取初始屈服强度、压缩系数、回弹系数、临界状态应力比等,达到的效果可以使试样的局部弱化,也可以是加强。对于不排水条件,分别设置压缩系数和临界状态应力比的弱化缺陷(图 3-17),当竖向压缩 8 mm 时云图如图 3-18 所示。图 3-18(a)是缺陷单元的压缩系数设置为 0.3,其他单元为 0.174;图 3-18(b)是缺陷单元临界状态应力比设置为 0.8,其他单元为 1.0。缺陷单元都是设置在左上角一个单元,产生了应变和位置不同的单一型剪切带。两种初始缺陷单元都会将超载应力传递给附近单元,但是随着竖向位移的增加,剪切带最终集中发展的位置不一样。

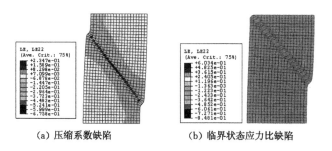

(a) 压缩系数缺陷　　　　　　(b) 临界状态应力比缺陷

图 3-18　竖向对数应变云图

3.3.3.2　指定屈服强度缺陷

排水条件下,指定缺陷单元的初始屈服强度为 15 kPa,其他单元的初始屈服强度为 50 kPa。如图 3-19 所示,分别对左上角、左上角和右上角、4 个角点存在缺陷单元的三种情况剪切 30% 进行计算分析。由竖向应变和剪应变云图可见,排水条件下初始缺陷单元亦能引发变形集中,有形成宏观剪切带的趋势。

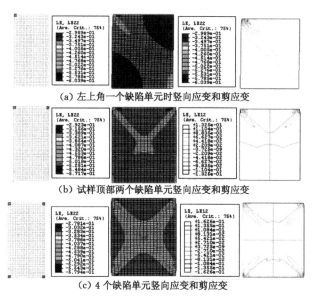

(a) 左上角一个缺陷单元时竖向应变和剪应变

(b) 试样顶部两个缺陷单元竖向应变和剪应变

(c) 4 个缺陷单元竖向应变和剪应变

图 3-19　不同位置缺陷单元情况计算结果

图 3-20～图 3-22 是同样三种缺陷单元设置情况下不排水全局竖向应变不同的情况,可见不排水条件的网格变形集中,形成了连续的宏观剪切带。

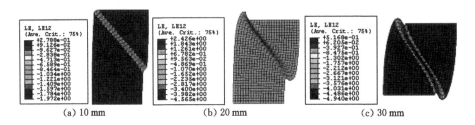

(a) 10 mm   (b) 20 mm   (c) 30 mm

图 3-20   1 个缺陷单元情况不同压缩量的对数剪应变和孔隙水压力曲线

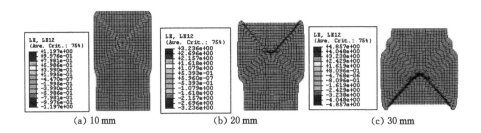

(a) 10 mm   (b) 20 mm   (c) 30 mm

图 3-21   2 个缺陷单元情况不同压缩量的对数剪应变

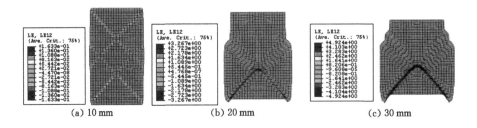

(a) 10 mm   (b) 20 mm   (c) 30 mm

图 3-22   4 个缺陷单元情况不同压缩量的对数剪应变

初始缺陷单元的设置能引起数值模拟中的宏观剪切带。计算结果表明,初始缺陷可引起试样的不均匀变形,是形成剪切带的另一原因。

下面详细分析缺陷单元设置在左上角的情况。当顶部竖向压缩变形为 8 mm 时水平和竖向对数应变如图 3-23 所示。

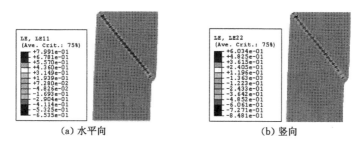

（a）水平向　　　　　　　　　　　（b）竖向

图 3-23　水平向与竖向对数应变云图

　　加载过程试样的偏应力与竖向对数应变曲线、应力路径如图 3-24 所示，应力应变曲线上 3 个特征时刻的竖向对数应变云图如图 3-25 所示。

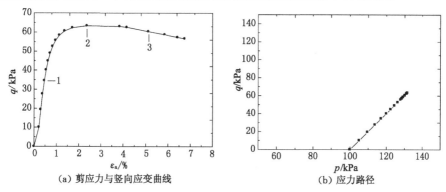

（a）剪应力与竖向应变曲线　　　　　　　（b）应力路径

图 3-24　试样应力应变曲线和应力路径

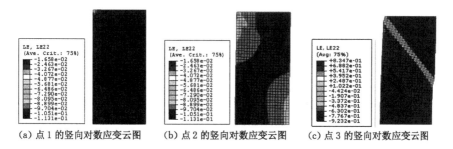

（a）点 1 的竖向对数应变云图　　（b）点 2 的竖向对数应变云图　　（c）点 3 的竖向对数应变云图

图 3-25　初始缺陷诱发形成剪切带的过程

　　试样加载至图 3-24（a）中的 1 点时，初始缺陷单元达到极限强度，继续加载时，缺陷单元不能继续承载，而将超载应力转嫁至附近单元，进而开始形成应力集中，应变开始不均匀发展，如图 3-25（a）所示；加载至图 3-24（a）

中的峰值状态 2 点时,已形成显著的应力集中现象,而尚未形成宏观剪切带,如图 3-25(b)所示;加载至图 3-24(a)中的 3 点时,已形成宏观剪切带,如图 3-25(c)所示。算例采用的是修正剑桥模型,模型本身不能考虑土的应变软化现象,通过设置初始缺陷单元,使得试样整体表现出应变软化特性,并且宏观剪切带是在应力应变曲线峰值状态后出现。可见,本构模型能否考虑土的应变软化特性不是试样形成剪切带的必要条件,材料的初始缺陷引起变形的不均匀发展才是试样形成剪切带的本质原因。

3.3.3.3 随机缺陷

实际中初始缺陷都是无法确定的,可能在试样表面,也可能在试样内部,本节考虑不明确指定缺陷位置的方式,编制程序随机生成一部分缺陷节点,分析缺陷初始随机分布试样剪切带的产生和发展。

模型使用 800 个 4 节点平面应变单元,总共有 2 521 个节点,随机生成 24 个缺陷节点,约占总数的 1%,如图 3-26 所示。修正剑桥参数,压缩系数为 0.174,回弹系数为 0.026,泊松比为 0.28,渗透系数为 0.025,孔隙比为 0.889,初始屈服强度 a 值为 50 kPa,缺陷节点 a 值为 45 kPa,边界底部中点固定。第一步加 100 kPa 围压固结,第二步压缩至轴向应变 20%。

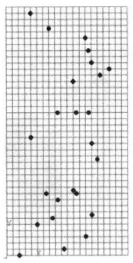

图 3-26　随机缺陷点位置

试样竖向应变发展过程如图 3-27 所示,24 个随机生成的缺陷点,在施加初始固结压力后,只形成一个明显的应力集中点,是两个缺陷点相连之处,相比其他单独缺陷节点,此缺陷区域较大。但是其他缺陷节点的影响在后续步骤中可见,由一个缺陷节点引发了两个方向交叉的剪切带,经过竞争,最后一条主导剪切带形成,并最终主宰着应变集中区域的发展。

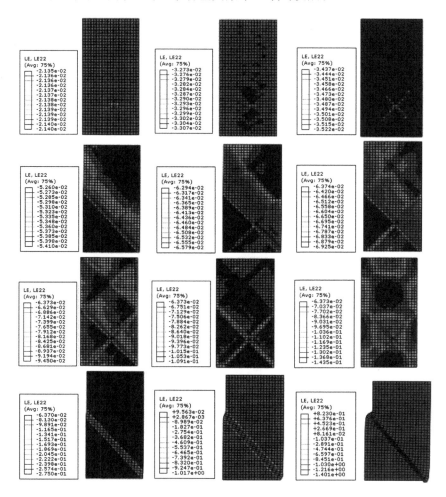

图 3-27　随机缺陷节点作用竖向应变发展过程

由图 3-28 所示的剪应力、孔隙水压力随着加载过程变化曲线可见,应力应变曲线峰值后明显下降。

设置压缩系数缺陷,随机生成 49 个缺陷节点,约占 2%,它们的压缩系数取为 0.08,其他单元仍为 0.174。随机生成的缺陷单元如图 3-29 所示。

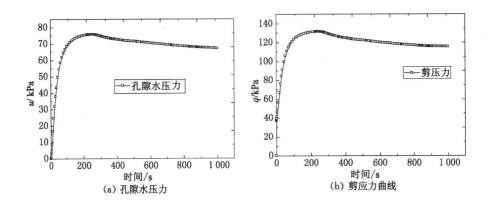

图 3-28　剪切过程孔压和剪应力曲线

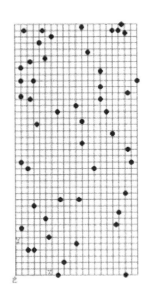

图 3-29　初始缺陷节点位置

选取代表性分析步 1、14、15、25、32、33、44、46、49、53、75、122 表现随机缺陷单元的影响,对应的竖向应变等值线图如图 3-30 所示。初始随机分布的缺陷点在固结后形成以缺陷节点为中心的应变集中区域,继续加载,各缺陷点变形逐渐连通;第 25～33 步,连通成网状的应变集中区域之间不断竞争,第 44步已可见主导剪切带显现,主导剪切带位置确定之后,变形全部集中到此区域,第 44~53 步等值线云图可见其他应变集中区域应变有所回弹的过程。最后一个应变云图是 122 步时,试样右侧应变局部化区域扩大,剪切带有变宽的趋势,试样最终破坏形式是形成非对称交叉剪切带。图 3-31 所示为孔隙水压力和剪应力曲线。

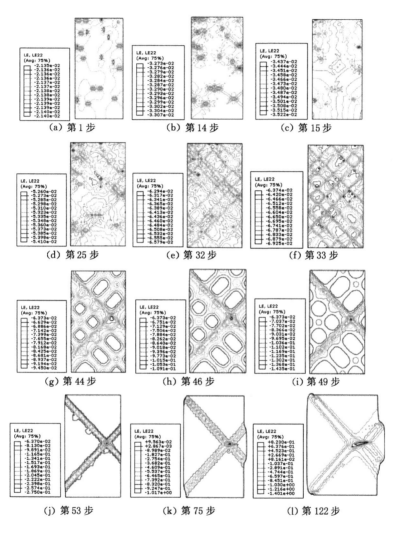

图 3-30　竖向对数应变发展过程

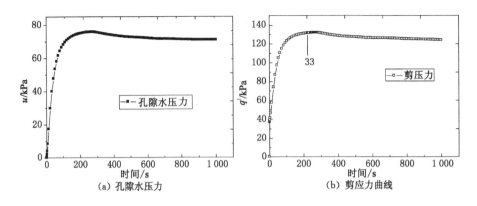

(a) 孔隙水压力　　　　　　　(b) 剪应力曲线

图 3-31　孔隙水压力和剪应力曲线

3.3.4　端部约束与初始缺陷共同作用影响

3.3.4.1　上端部约束与初始缺陷共同作用

土工三轴试验中,端部约束和初始缺陷都不可避免,剪切过程中试样的端部约束作用和局部缺陷区域可能共存,故下面的计算考虑其共同作用的情况并分析其破坏过程。

固结不排水条件下,分别在角点位置设置缺陷单元和上端部约束共同作用,竖向应变云图和剪切带的形式如图 3-32 所示。6 种边界条件都是上下非对称的边界,其中左右非对称的边界和缺陷产生左右非对称的剪切带;左右对称的边界和缺陷产生左右对称的剪切带。可见单元受力的非对称性是产生剪切带的必要条件。即使没有缺陷,只有上下边界约束,那么整个试样的边界上下是对称的,而对于某个单元其边界上下不是对称的,受力也是非对称的,这就是为何只有边界上下约束也能产生剪切带的原因。

以图 3-32(a)条件为例分析共同作用时剪切带的产生和演化情况。从图 3-33 所示的应力应变关系和对应时刻的竖向应变云图看出,偏应力有轻微软化现象。在 1 点由试样中上部开始出现应力集中现象,之前试样处于弹性变形阶段,单元变形相对均匀。到达 2 点试样应力集中扩展到下边界,受上边界约束作用应力集中仍是由试样中上部开始发展,在靠近峰值点 4 之前的 3 点时形成交叉型应力集中,上边界的影响在峰值点 4 之前比较明显。过峰值后 5 点应力集中区域收缩形成过缺陷单元和右边界的主剪切带,与之交叉的应力集中区域相对弱化,主剪切带在试样底部形成了反射状

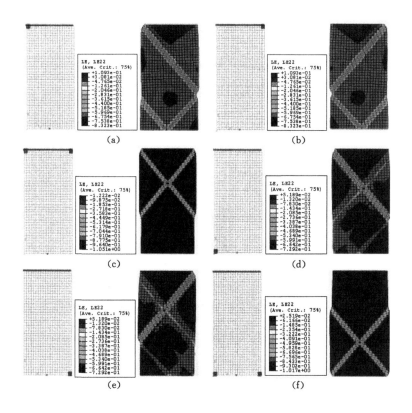

图 3-32　上端部约束与缺陷共同作用

的另外两条剪切带。

选取代表性单元 179、391、610、619、671、716 进行分析,其中单元 619、671、71 分别在三段剪切带上,代表性单元位置如图 3-34(a)所示。从图 3-34(b)竖向和水平应变随时间的变化关系可以看出 3 条剪切带的发展顺序,位于主剪切带上的单元 619 首先出现应变增加,另外两条剪切带上的单元 671 和 71 几乎同时出现应变增加的现象,但是计算结束时刻单元 71 的应变增加幅度最大。同时,剪切带上单元的应力在应变增加的时间稍有减小。

图 3-33 计算的边界条件如图 3-35(a)所示,在研究边界约束方式的影响,下面针对同样的初始缺陷,使用图 3-35(b)所示边界,即约束试样上下端部中点的水平位移,保证试样轴线位置不变,同时设置左上角一个缺陷单元的条件,其剪切带的最终形式与图 3-33 最终破坏形式一致,但其发展过程不完全

一致,如图 3-36 所示。

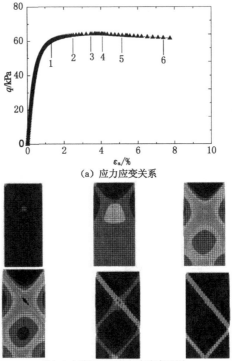

（a）应力应变关系

（b）6 个特征时刻的竖向应变云图

图 3-33　共同作用剪切带发展过程

　　试样经过了初始均匀变形阶段,到 1 点由缺陷单元出现的应力集中以一定倾角发展到试样右边界;到 2 点,试样内部应力继续增加,应力集中区域在右边界出现反射,引起试样下端部的应力集中;到达峰值点 3 点,试样已经形成了交叉形式的应力集中,下端部应力集中反射至左边界后与上端部右上角连接,仍然是初始应力集中和下端部应力集中最明显;过峰值后 4 点,应力集中区域开始收缩,形成三段剪切带,直至分析结束,应变在这三段剪切带区域集中。剪应力和轴向应变曲线峰值后有所下降。

　　选取代表性单元 179、391、610、619、671、71 进行分析,其中单元 619、671、71 分别在三段剪切带上,各单元位置如图 3-34（a）所示。从图 3-37（a）的剪切带上单元应变随时间变化关系可以看出 3 条剪切带的发展顺序,首先是单元 619 出现应变明显增加,其次是单元 671,然后单元 71。这说明这种情况下剪切带的发展是由缺陷单元诱发,第一条剪切带到右边界后反射

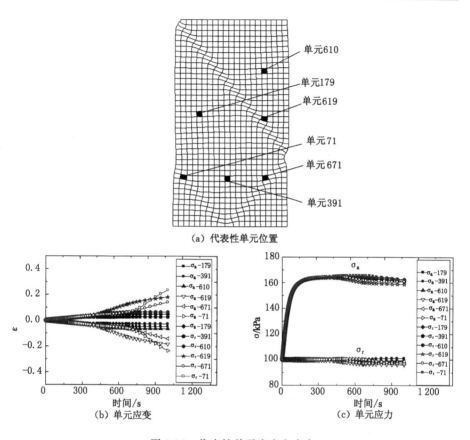

（a）代表性单元位置

（b）单元应变

（c）单元应力

图 3-34　代表性单元应变和应力

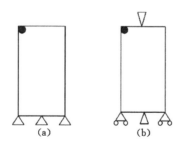

（a）　　　　　　（b）

图 3-35　计算条件和边界示意图

到试样底部边界，又继续反射到左边界。单元发生应变增加与应力的减小
是对应的。图 3-37（b）显示应力的变化。非剪切带上代表单元的回弹情况

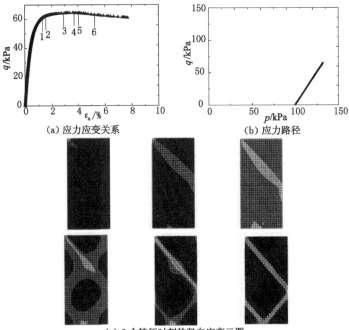

（a）应力应变关系　　　　　　（b）应力路径

（c）6 个特征时刻的竖向应变云图

图 3-36　应力关系和发展过程

见表 3-1。单元 391 总的应变最小，但是回弹量最大。总的来说，回弹量很小，水平应变的回弹比竖向应变的回弹要大。试样第一条剪切带在右边界形成反射，该点可以认为是缺陷，试样在此出现颈缩，所以其他位置的水平膨胀要更明显。

表 3-1　非剪切带单元应变

单元号	应变类型	时间/s	峰值应变	最终应变	回弹
179	ε_a	508	0.039 25	0.038 94	0.8%
	ε_r	508	−0.039 22	−0.039 29	—
391	ε_a	520	0.028 05	0.027 61	1.6%
	ε_r	520	−0.027 73	−0.027 39	1.2%
610	ε_a	546	0.039 02	0.038 56	1.2%
	ε_r	559	−0.039 07	−0.038 75	0.8%

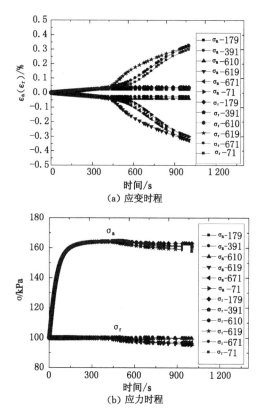

图 3-37　代表性单元应力应变

3.4　平面应变条件下土体剪切带的形成机理

上述分析表明,土体是否产生剪切带与排水特性无关,而端部摩擦约束和初始缺陷是土体产生剪切带的外部条件与本质因素。只有一个缺陷单元的情况,当试样产生剪切带时,通过剪切带上单元与非剪切带上单元的应力路径与变形特性,分析试样产生剪切带的机理。如图 3-38 所示,选取编号为 179、610、619 的 3 个单元,单元 179 与单元 619 位于同一水平线上,单元 610 与单元 619 位于同一竖直线上。

在加载过程中,3 个单元的有效应力路径如图 3-39 所示。在峰值剪应力之前,3 个单元的有效应力路径相同。在峰值剪应力后,3 个单元的有效应力路径的剪应力均降低,平均应力规律不同,单元 610 位于剪切带上方,在峰值

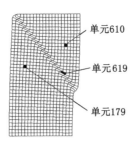

图 3-38　代表性单元位置

剪应力后,平均有效应力略有降低,如试样左侧缺陷位置图 3-39(a)所示;单元 619 在剪切带内,在峰值剪应力后,平均有效应力显著降低,处于剪切带内的单元 619 其孔隙率增大,因此,单元 619 的承载能力迅速降低,形成了弱单元;单元 179 位于剪切带下方,在峰值剪应力后,平均有效应力提高。通过 3 个单元的有效应力路径分析表明,峰值剪应力状态后试样内形成了一系列连续的弱单元,为形成宏观剪切带提供了条件。

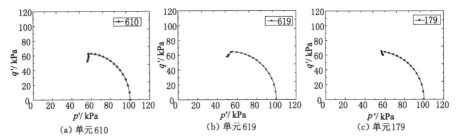

(a) 单元610　　　　　　(b) 单元619　　　　　　(c) 单元179

图 3-39　有效应力路径

　　加载过程中,3 个单元的竖向应力与竖向对数应变曲线如图 3-40 所示,图 3-40(a) 所示为同一竖直线上的两个单元 610 与 619 的比较,位于剪切带上方的单元 610 处于卸载状态,而剪切带内部的单元 619 变形迅速发展。其原因在于随着荷载的增大,两个单元内部储存的应变能提高,当加载至峰值应力时,应变能达到最大值,峰值应力状态后单元 619 的有效平均应力降低,孔隙率增大,刚度降低,无法承载各单元储存的应变能,此时单元 610 储存的应变能迅速释放,释放出的应变能施加给单元 619,导致单元 619 的变形迅速增大,形成连续宏观的剪切带,即为剪切带形成的物理机制。在峰值应力状态后,单元 610 因应变能释放而处于卸载状态。处于不同位置的单元释放的应变能不同,卸载变形大小不同,如图 3-40(b)所示。

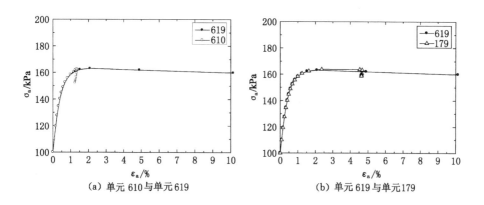

(a) 单元 610 与单元 619　　　　　(b) 单元 619 与单元 179

图 3-40　竖向应力与竖向对数应变关系

　　图 3-41 是代表性单元应力和应变随时间变化的曲线,增加一个剪切带单元 619 相邻的单元 579 进行比较。可见试样的应力和应变随时间变化曲线可以大致分成三个阶段:第一阶段是弹性阶段,各个单元应力应变一致发展,相对均匀变形,没有明显的应力集中区域;第二阶段是发展区域的稳定传播,应力稍有变化,应变缓慢增加,这阶段对应达到峰值应力点;第三阶段是过峰值阶段,一个很长阶段的应力衰减过程,应变迅速增长,这也是真实剪切带的集中发展过程。作用在试样上端部的平均轴向应力随着强制竖向位移的增加而减少,导致软化行为。剪切带上单元水平和竖向应力都所有降低,可知剪切带区域的平均应力水平也是降低的。

　　表 3-2 是非剪切带上两个代表单元的应变变化,相对回弹表明在剪切带集中发展的过程中,非剪切带区域有回弹现象,处于卸载状态。对于此种单一型剪切带,剪切带上部以竖向回弹为主,剪切带下部以水平回弹为主。表 3-2 中相对回弹量是峰值应变与最终应变的差值同峰值应变的比值。单元 610 的竖向应变回弹达到 10.0%,水平应变回弹为 7.3%。单元 179 的水平和竖向应变分别回弹 1.7%、0.9%。单元 610 在单元 179 之前开始出现回弹,单元 610 位于剪切带的上盘,剪切带形成后竖向回弹占主要;单元 179 位于剪切带的下盘,水平回弹大于竖向回弹。上盘竖向回弹和下盘水平回弹共同作用,释放弹性应变能,试样最终沿着最大剪应力面形成剪切带,如图 3-42 所示。

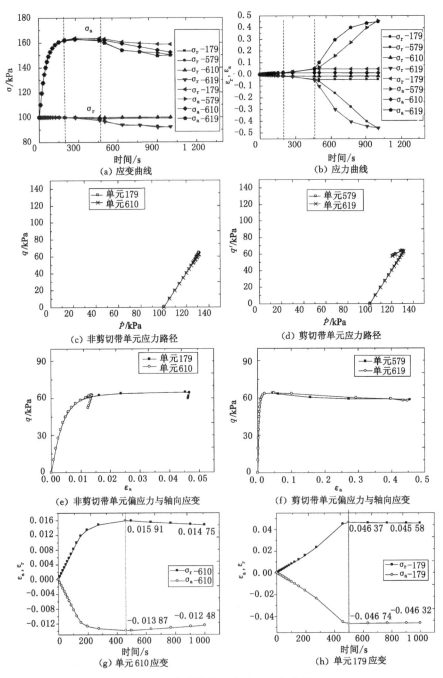

图 3-41　代表性单元应变和应力曲线

表 3-2　非剪切带上单元应变

单元号	应变类型	峰值时间/s	峰值应变	最终应变	相对回弹
179	ε_a	500	−0.046 37	−0.045 58	1.7%
	ε_r	500	0.046 74	0.046 32	0.9%
610	ε_a	460	−0.015 91	−0.014 75	7.3%
	ε_r	460	0.013 87	0.012 48	10.0%

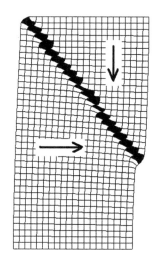

图 3-42　剪切带形成示意图

　　剪切带产生的物理过程即不均匀受力或缺陷单元引起土体的不均匀变形,使得某一剪切面上的单元首先达到抗剪强度,变形稍有增加,其他单元产生回弹,应变能迅速释放。这种回弹冲击作用导致该截面上单元在荷载降低的同时变形迅速增大,产生连续宏观的剪切带。图 3-43 所示为非剪切带单元 610 和剪切带单元 619 的应变能曲线,验证了剪切带区域单元应变能的迅速增加和非剪切带单元的应变能的释放,处于不同位置的单元应变能的释放程度不同。

　　综上所述,剪切带形成的根本原因是弹性应变能的释放。采用基于临界状态理论的修正剑桥模型,剪切过程采用应变控制,单元受力一定程度后,某区域单元上剪应力比达到临界应力比不能承载,而其他区域未达到强度的单元还可以承载,一旦继续加载,打破这一平衡的结果是没有达到强度的单元应变回弹,释放其弹性应变能,使达到强度的弱单元变形。

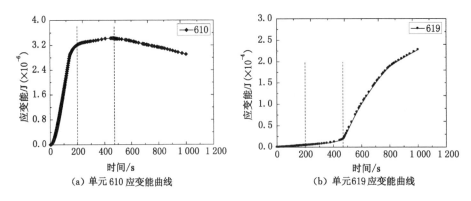

（a）单元610应变能曲线　　　　　（b）单元619应变能曲线

图 3-43　单元应变能曲线

3.5　本章小结

本章基于通用软件 ABAQUS 进行了剪切带的数值计算，研究宏观剪切带的产生条件和影响因素，分析剪切带的发展过程和竞争机理，得到如下结论：

（1）使用 M-C、D-P 和 M C-C 模型分别进行了三轴试验的模拟，与试验结果对比，三种模型模拟的固结排水试验的剪应力峰值与试验基本一致，M C-C 模型模拟的剪应力与轴向应变关系和有效应力路径能够与试验吻合，可用于模拟北京地区黏质粉土固结排水和不排水的特性。不同模型受端部影响程度不同，三个模型中受端部约束影响深度：M-C 模型最大，M C-C 模型最小，D-P 模型居中。M-C 模型、D-P 模型能够反映剪胀性，研究剪切带问题时固结排水条件更容易得到，而 M C-C 模型不能反映剪胀性，所以研究剪切带问题时固结不排水条件容易出现剪切带。试样的破坏形式不仅与边界非对称性和材料的非均匀性有关，也受本构模型剪胀性的影响，剪切带的影响范围随着剪胀角的增加而增大。土的应变软化特性不是土体产生剪切带的必要条件，但选取可考虑应变软化特性的本构模型可算得更为真实的剪切带特性。

（2）采用修正剑桥模型进行平面应变条件下剪切带产生条件和形成机理的分析。对排水条件、端部约束、初始缺陷及共同作用分别做了计算，认为剪切带的产生与排水特性无关，排水特性是试样受力的边界条件，只改变试样内的有效应力路径。试样端部摩擦约束与初始缺陷引起试样的不均匀受力，进而产生不均受变形，是剪切带产生的外部条件与内部因素。同时，研究了不同缺陷设置方式、部分摩擦和随机缺陷条件下剪切带的产生和发展。随机缺陷条件计算表明,试样最终形成的宏观剪切带是内部不同方向的应变集中区域竞争的结果。

（3）剪切带形式主要有单一型、交叉型和多段型三种。剪切带的对称性与试样受力的整体对称性一致。尽管施加的整体对称的端部约束或初始缺陷,相对于某个单元来说,受力都是非对称的。端部约束和初始缺陷都能够诱发产生剪切带,不同的缺陷设置方式对剪切带的形式有影响。当边界约束和初始缺陷共同作用时,非对称剪切带会产生反射现象,各段剪切带的发展具有先后顺序。

（4）剪切带产生的物理机制是土体达到临界荷载后,非剪切带处单元发生回弹,应变能释放对剪切带处单元的冲击作用。即不均匀受力或缺陷单元引起土体的不均匀变形,使得某一剪切面上的单元首先达到临界承载能力,变形稍有增加,其他单元的应变能迅速释放,这种冲击作用导致该截面上单元荷载降低的同时变形迅速增大,产生连续宏观的剪切带。此时,非剪切带单元处于卸载状态,变形部分恢复。

第4章 土体渐进破坏的网格依赖性问题研究

4.1 引言

岩土材料大多具有应变软化的特性,数值计算中过峰值后软化易造成矩阵奇异,计算不容易收敛。经典的连续体本构模型没有包含内部长度参数或高阶连续结构,因而当局部化发生时在拟静力荷载下的偏微分控制方程将丧失椭圆性,成为数学上"病态"提法的问题,且问题的数值模拟结果"病态"地依赖于有限元网格,当有限元网格加密时,应变软化部位的能量逸散将被错误地估计为零,其结果将收敛到不正确的、没有物理意义的有限元解[135]。在土体渐进破坏问题研究上,传统有限元计算表现为剪切带的宽度"病态"地依赖于网格的划分,这种现象被称为网格敏感性或者网格依赖性。

目前,克服有限元计算的网格依赖性的方法,从网格角度可分为无网格法、变网格法(网格自适应技术)和不变网格法(扩展有限元、Cosserat理论、梯度塑性理论)。宏观的计算力学不可能去追踪材料微-细结构的机理,如果把问题仅仅局限于在特定的材料、特定的荷载条件下去克服网格依赖性,以获得稳定的剪切带宽度作为目标,梯度塑性理论是一种选择。

梯度塑性理论是一种非局部化理论,与经典的塑性理论最重要的区别在它的硬化(或软化)参数不在局部意义上确定,而是由积分点及其领域在非局部意义上确定,并在本构模型中引入材料内在特征长度参数 l。梯度塑性理论是从本构关系入手来解决网格依赖性问题,在应力应变关系中加入了塑性应变的梯度项,其屈服函数的一般形式为:

$$f = f(\{\sigma\}, k, l^2 \nabla^2 k) = 0 \tag{4-1}$$

式中,k 为硬化参数,在局部点上定义,可以用塑性功或者是等效塑性应变表示;$\nabla^2 k$ 为塑性应变的梯度项,梯度塑性模型中的梯度项补充了局部点领域内材料行为的信息,当标志材料不稳定性的应变局部化过程发生时,它与内在特

征长度参数 l 一起构成了保持问题椭圆性的正则化机制。

本章针对渐进破坏数值计算中的软化问题和网格依赖性问题进行研究。采用有限元自动生成系统作为研究平台,将阻尼牛顿法用于软化问题的求解,将梯度塑性理论用于解决网格依赖性问题。由于梯度理论存在二阶梯度项,求解方法可以使用常规有限元方法,也可以使用弱形式表达的有限元方法。常规有限元求解时对单元的连续性要求,就必须对单元形函数进行处理,基于弱形式表达的 FEPG 能够求解高阶问题,所以本书使用有限元生成系统进行弱形式梯度理论的推导和应用。

4.2　FEPG 简介

有限元程序自动生成系统(Finite Element Program Generator,FEPG)是工程科学计算领域的有限元问题求解环境,由北京飞箭软件有限公司的创始人、中国科学院数学与系统研究院梁国平研究员历经十余载的潜心研究自主开发而成,采用了生成器技术、组件化技术、公式库技术三项软件技术。因其代码开放,灵活度高,故选择作为研究工具。

FEPG 主要依赖的不是各种子程序组成的程序库而是公式库,由形函数库、微分算子库、有限元算法库、各学科各领域的公式库(包括微分方程表达式和有限元算法)等组成的公式库。FEPG 最核心部分是生成器,即由公式和算法产生 FORTRAN 程序的程序部分,包括由 PASSCAL 语言写的组件程序和运行这些组件程序的批命令。生成器外层就是有限元计算所需的若干 FOR-TRAN 语言程序(这里称为有限元组件程序)。这些组件程序有些是给定的(如线性代数方程组的求解、初始化程序等),有些则随着微分方程表达式和算法自动变动(如单元计算程序、后处理计算程序等)。最终由生成器生成的有限元组件程序都是独立的 FORTRAN 程序,独立编译和运行,由批命令(在 UNIX 操作系统则为脚本文件)完成这些组件程序的运行,组件程序的接口也是磁盘文件,对于全部有限元计算,FEPG 也没有设计自己的数据管理系统,其目的也是人人都能参与有限元计算软件的开发。

FEPG 的目标就是由物理模型(即微分方程)和算法自动产生数值模拟软件。FEPG 首先遇到的问题就是如何描述微分方程表达式,FEPG 允许用户采用张量运算表达式,从而极大地简化了微分方程表达式的输入,并且微分算子库保存了各种坐标系的常用微分算子,用户可通过常用微分算子构造微分方程表达式,只需给出直角坐标系就可获得其他坐标系的微分方程表达式,免去了书写复杂坐标系(如球坐标系、球面坐标系等)的微分方程表达式。

有限元计算通常分为五个部分完成:程序初始化、边值计算、单元计算、线性代数方程组求解、结果后处理,如图 4-1 所示。FEPG 采用元件化技术来实现这五部分程序的自动生成,我们书写的 NFE、PDE(VDE、FBC)、GCN、GIO 文件中,由 PDE(VDE、FBC)对应生成单元计算程序;由 NFE 对应生成组集线性代数方程组的程序,在该程序中调用单元计算程序,另外 NFE 中的 SO-LUTION 段生成结果后处理程序。这两部分程序随问题的变化而变化,是有限元计算解决问题的核心部分。因此,在 FEPG 中需要用户根据自己的问题的方程表达式和算法通过书写文件来给出。

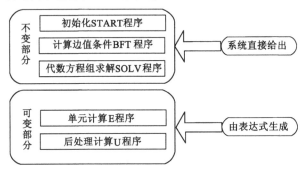

图 4-1　FEPG 的软件构架

其余的程序初始化、边值计算、线性代数方程组求解这三部分程序功能固定,在所有有限元计算中比较通用,对不同问题几乎无变化,因此在 FEPG 系统中按通用方式给出,不需要用户书写文件,在 GCN 文件中直接调用即可。

FEPG 的前后处理是基于 FEPG.GID 进行的。FEPG.GID 是一个通用、方便、友好的在科学和工程领域进行计算分析的前后处理系统,FEPG 与 FEPG.GID 之间相互传递数据,作为 FEPG 前处理的模型建立、网格划分、条件施加以及后处理的 FEPG 计算结果可视化的工具。

图 4-2 所示为 FEPG 解决用户问题的主体程序流程(数据准备部分略)。

FEPG 解决问题的关键是将物理问题归结为偏微分方程的求解,进一步基于微分方程等效积分的弱形式编制程序。强弱形式的区分在于是否完全满足物理模型的条件。弱形式一般是指对强形式方程(即微分方程)的积分方程形式。所谓强形式,是指由于物理模型的复杂性,各种边界条件的限制,使得对于所提出的微分方程,对所需求得的解的要求太强,也就是需要满足的条件太复杂,比如不连续点的跳跃等。将微分方程转化为弱形式就是弱化对方程解的

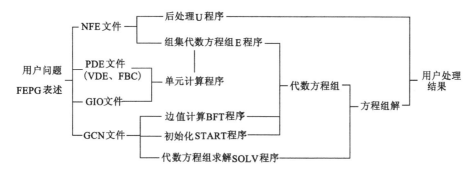

图 4-2　FEPG 的主体程序流程

要求。不拘泥于个别特殊点的要求,而放松为一段有限段上需要满足的条件,使解能够以离散的形式存在。一个满足强形式微分方程的解,一定也是弱形式方程的解,这个是保证强弱转换合理性的根本,强形式到弱形式的转换是能够实施有限元这种计算方法的核心理论。

4.3　阻尼牛顿法简介

数值求解软化问题和理想塑性问题时会遇到控制方程丧失其正定性的问题,对于压缩模量和剪切模量均为正值的硬化材料,最后形成的结构刚度矩阵也将是正定的,所以边值问题具有唯一解。对于含有软化区的负定问题,也可以求得唯一解。但是实际情况是硬化区和软化区同时存在,此时就会出现解的不定性。在交界面附近,叠加后形成的矩阵主对角元素可能出现 0 或者接近于 0,或者在矩阵分解过程中主对角元素出现 0 或接近于 0,从而导致计算无法进行或出现很大的误差[136]。

正定性是用有限元法求解椭圆形方程的保证,阻尼牛顿算法强制保证控制方程的正定性,可用于计算软化问题。

数值求解非线性方程组:

$$\psi(a) = P(a) - R = 0 \qquad (4\text{-}2)$$

的一个最著名的方法是 Newton 法,也称为 Newton-Raphson 法。它是一个最基本而且十分重要的方法,目前使用的很多有效的迭代法都是以其为基础而发展得到的。

Newton 法虽然有收敛快和自校正等优点,但是应用到实际计算中仍存在一些问题。例如,在某些非线性问题(如理想塑性和软化塑性问题)的迭代过程中,Jacobi 矩阵 $K_T=\dfrac{\partial\psi}{\partial a}$ 可能是奇异的或者"病态"的,于是对 K_T 求逆会出现困难。为了克服这一点,可以采用带参数的 Newton 法。需要引进一个正的阻尼因子 μ^n,以使 $[K_T^n+\mu^n I]$ 成为非奇异的或者使它的"病态"性质减弱(这里 I 是 $n\times n$ 阶的单位矩阵)。这时在 Newton 法中用:

$$a_{n+1} = a_n - (K_T^n+\mu^n I)^{-1}\psi(a^n) \tag{4-3}$$

代替

$$a_{n+1} = a_n - (K_T^n)^{-1}\psi(a^n) \tag{4-4}$$

式中,μ^n 的作用是改变了矩阵 K_T 的对角元素,只要 μ^n 选得足够大,就可使矩阵 $[K_T^n+\mu^n I]$ 具有对角优势,从而消除了奇异性。当然,参数 μ^n 的引入将使迭代算法的收敛速度减慢[137]。

4.4 算法积分弱形式推导

4.4.1 弹塑性算法

岩土工程问题都是较复杂的非线性问题,由弹塑性理论可知,在计算给定边界条件下的应力和位移分布时,需要满足以下条件:平衡方程、几何方程、边界条件和物理方程。

(1)平衡方程

应力矢量为 $\boldsymbol{\sigma}=(\sigma_{xx},\sigma_{yy},\sigma_{zz},\tau_{yz},\tau_{xz},\tau_{xy})^{\mathrm{T}}$,取微分算子 $\boldsymbol{L}$:

$$\boldsymbol{L}=\begin{pmatrix}\dfrac{\partial}{\partial x}&0&0&0&\dfrac{\partial}{\partial z}&\dfrac{\partial}{\partial y}\\0&\dfrac{\partial}{\partial y}&0&\dfrac{\partial}{\partial z}&0&\dfrac{\partial}{\partial x}\\0&0&\dfrac{\partial}{\partial z}&\dfrac{\partial}{\partial z}&\dfrac{\partial}{\partial x}&0\end{pmatrix} \tag{4-5}$$

体积力为 $\boldsymbol{F}=(F_x,F_y,F_z)^{\mathrm{T}}$,则平衡方程可表示为:

$$\boldsymbol{L\sigma}+\boldsymbol{F}=\boldsymbol{0} \tag{4-6}$$

(2)几何方程

应变矢量为 $\boldsymbol{\varepsilon}=(\varepsilon_{xx},\varepsilon_{yy},\varepsilon_{zz},\gamma_{yz},\gamma_{xz},\gamma_{xy})^{\mathrm{T}}$,有 $\boldsymbol{\varepsilon}=\boldsymbol{L}^{\mathrm{T}}(u,v,w)^{\mathrm{T}}$,其中 u、v、w 为坐标方向的位移。

(3)边界条件

第一类边界条件:

$$u = u_0, \quad v = v_0, \quad w = w_0 \tag{4-7}$$

第二类边界条件：

$$T_x = f_1, \quad T_y = f_2, \quad T_z = f_3 \tag{4-8}$$

第三类边界条件：

$$T_x = f_1(u,v,w), \quad T_y = f_2(u,v,w), \quad T_z = f_3(u,v,w) \tag{4-9}$$

（4）本构关系与平衡方程的等效积分弱形式

岩土材料的弹塑性行为与加载及变形历史有关,进行弹塑性分析时,通常将载荷分成若干个增量,然后对每一个载荷增量将弹塑性方程线性化,从而使弹塑性分析这个非线性问题分解为一系列线性问题。

假设一个迭代步前物体内部的总应变、塑形应变、应力分别为 ε_n、ε_n^p、σ_n,一个迭代步过程中产生的总应变、塑性应变、应力增量分别为 $\Delta\varepsilon_n$、$\Delta\varepsilon_n^p$、$\Delta\sigma_n$,一个迭代步完成后的总应变、塑性应变和应力分别为 ε_{n+1}、ε_{n+1}^p、σ_{n+1},满足:

$$\begin{cases} \varepsilon_{n+1} = \varepsilon_n + \Delta\varepsilon_n \\ \varepsilon_{n+1}^p = \varepsilon_n^p + \Delta\varepsilon_n^p \\ \sigma_{n+1} = \sigma_n + \Delta\sigma_n \end{cases} \tag{4-10}$$

那么由第 n 个迭代步结果求第 $n+1$ 个迭代步结果需要求解的方程是:

$$\begin{cases} \boldsymbol{L}\sigma_{n+1} + \boldsymbol{F} = \boldsymbol{0} & \text{平衡方程（矢量方程）} \\ f_{n+1} = 0 & \text{屈服函数（标量方程）} \\ \Delta\varepsilon_n^p = \Delta\lambda_n \dfrac{\partial f}{\partial \sigma} & \text{流动法则（矢量方程）} \end{cases} \tag{4-11}$$

式中,未知量为 ε_{n+1}、ε_{n+1}^p、λ_{n+1}。 使用增量算法将由第 n 个迭代步的结果 ε_n、σ_n 求出第 $n+1$ 个迭代步的结果 ε_{n+1}、σ_{n+1}。

将平衡方程写成等效积分弱形式得到:

$$(\sigma_{n+1}, \delta\varepsilon) = (F, \delta u) \tag{4-12}$$

式（4-12）中的（,）表示求内积,化为增量形式即得到:

$$(\Delta\sigma_n, \delta\varepsilon) = (F, \delta u) - (\sigma_n, \delta\varepsilon) \tag{4-13}$$

假设弹性矩阵为 $\boldsymbol{D}$:

$$\boldsymbol{D} = \frac{E}{(1+\nu)(1-2\nu)} \begin{pmatrix} 1-\nu & \nu & \nu & 0 & 0 & 0 \\ \nu & 1-\nu & \nu & 0 & 0 & 0 \\ \nu & \nu & 1-\nu & 0 & 0 & 0 \\ 0 & 0 & 0 & 0.5-\nu & 0 & 0 \\ 0 & 0 & 0 & 0 & 0.5-\nu & 0 \\ 0 & 0 & 0 & 0 & 0 & 0.5-\nu \end{pmatrix} \tag{4-14}$$

那么有：

$$\Delta\sigma_n = D\Delta\varepsilon_n^e = D(\Delta\varepsilon_n - \Delta\varepsilon_n^p) \tag{4-15}$$

假设屈服函数只是应力与内变量 κ 的函数，即 $f = f(\sigma, \kappa)$，由一致性条件得：

$$\mathrm{d}f = \left(\frac{\partial f}{\partial\sigma}\right)^{\mathrm{T}}\mathrm{d}\sigma + \frac{\partial f}{\partial\kappa}\mathrm{d}\kappa \tag{4-16}$$

对式(4-16)进行线性化得：

$$f_{n+1} - f_n = \left(\frac{\partial f}{\partial\sigma}\right)^{\mathrm{T}}\Delta\sigma_n + \frac{\partial f}{\partial\kappa}\Delta\kappa_n \tag{4-17}$$

即：

$$\begin{aligned}
f_{n+1} &= \frac{\partial f}{\partial\sigma}\Delta\sigma_n + \frac{\partial f}{\partial\kappa}\Delta\kappa_n + f_n \\
&= \frac{\partial f}{\partial\sigma}D(\Delta\varepsilon_n - \Delta\varepsilon_n^p) + \frac{\partial f}{\partial\kappa}m\Delta\lambda_n + f_n
\end{aligned} \tag{4-18}$$

式中，内变量可以是塑性功、塑性体应变、广义塑性剪应变，m 取值如下：

$$m = \begin{cases}
\sigma^{\mathrm{T}}\dfrac{\partial f}{\partial\sigma} & \kappa = w^p = \displaystyle\int\sigma^{\mathrm{T}}\mathrm{d}\varepsilon^p \\[2ex]
e^{\mathrm{T}}\dfrac{\partial f}{\partial\sigma} & \kappa = \theta^p = \displaystyle\int e^{\mathrm{T}}\mathrm{d}\varepsilon^p \\[2ex]
\sqrt{\left(\dfrac{\partial f}{\partial\sigma}\right)^{\mathrm{T}}\left(\dfrac{\partial f}{\partial\sigma}\right)} & \kappa = \bar{\varepsilon}^p = \displaystyle\int\left[(\mathrm{d}\varepsilon^p)^{\mathrm{T}}\mathrm{d}\varepsilon^p\right]^{1/2}
\end{cases} \tag{4-19}$$

式中，$e^{\mathrm{T}} = \begin{bmatrix} 1 & 1 & 1 & 0 & 0 & 0 \end{bmatrix}$。

将式(4-18)代入 $f_{n+1} = 0$，于是可以将方程组(4-11)化为：

$$\begin{cases}
\left[D(\Delta\varepsilon_n - \Delta\varepsilon_n^p), \delta\varepsilon\right] = (F, \delta u) - (\sigma_n, \delta\varepsilon) \\[1ex]
\left(\dfrac{\partial f}{\partial\sigma}\right)^{\mathrm{T}}D(\Delta\varepsilon_n - \Delta\varepsilon_n^p) + \dfrac{\partial f}{\partial\kappa}m\Delta\lambda_n + f_n = 0 \\[1ex]
\Delta\varepsilon_n^p = \Delta\lambda_n\dfrac{\partial f}{\partial\sigma}
\end{cases} \tag{4-20}$$

将流动法则(第三式)代入上面两式中，消去 $\Delta\varepsilon_n^p$ 得到：

$$\begin{cases}
\left[D\left(\Delta\varepsilon_n - \Delta\lambda_n\dfrac{\partial f}{\partial\sigma}\right), \delta\varepsilon\right] = (F, \delta u) - (\sigma_n, \delta\varepsilon) \\[1ex]
\left(\dfrac{\partial f}{\partial\sigma}\right)^{\mathrm{T}}D\left(\Delta\varepsilon_n - \Delta\lambda_n\dfrac{\partial f}{\partial\sigma}\right) + \dfrac{\partial f}{\partial\kappa}m\Delta\lambda_n + f_n = 0
\end{cases} \tag{4-21}$$

通过上式中的屈服函数方程可以得到：

$$\left[\left(\frac{\partial f}{\partial\sigma}\right)^{\mathrm{T}}D\frac{\partial f}{\partial\sigma} - \frac{\partial f}{\partial\kappa}m\right]\Delta\lambda_n = \left(\frac{\partial f}{\partial\sigma}\right)^{\mathrm{T}}D\Delta\varepsilon_n + f_n \tag{4-22}$$

为了求解方程，采用阻尼牛顿法，设阻尼因子为 α，则：

$$\Delta\lambda_n = \frac{1}{A}\left[\left(\frac{\partial f}{\partial\sigma}\right)^{\mathrm{T}}D\Delta\varepsilon_n + f_n\right] \tag{4-23}$$

其中

$$A = \left(\frac{\partial f}{\partial\sigma}\right)^{\mathrm{T}}D\frac{\partial f}{\partial\sigma} - \frac{\partial f}{\partial\kappa}m + \alpha \tag{4-24}$$

α 的取值如下：

$$\alpha = \begin{cases} 1.5\left(\dfrac{\partial f}{\partial\sigma}\right)^{\mathrm{T}}D\dfrac{\partial f}{\partial\sigma} & \dfrac{\partial f}{\partial\kappa}m \leqslant \left(\dfrac{\partial f}{\partial\sigma}\right)^{\mathrm{T}}D\dfrac{\partial f}{\partial\sigma} \\[4mm] -2\left(\dfrac{\partial f}{\partial\sigma}\right)^{\mathrm{T}}D\dfrac{\partial f}{\partial\sigma} & \dfrac{\partial f}{\partial\kappa}m > \left(\dfrac{\partial f}{\partial\sigma}\right)^{\mathrm{T}}D\dfrac{\partial f}{\partial\sigma} \end{cases} \tag{4-25}$$

代入平衡方程中可以得到：

$$\left\{D\left\{\Delta\varepsilon_n - \frac{1}{A}\left[\left(\frac{\partial f}{\partial\sigma}\right)^{\mathrm{T}}D\Delta\varepsilon_n + f_n\right]\frac{\partial f}{\partial\sigma}\right\}, \delta\varepsilon\right\} = (F,\delta u) - (\sigma_n, \delta\varepsilon) \tag{4-26}$$

展开得到：

$$(D\Delta\varepsilon_n, \delta\varepsilon) - \left\{\frac{1}{A}\left[\left(\frac{\partial f}{\partial\sigma}\right)^{\mathrm{T}}D\Delta\varepsilon_n + f_n\right], \delta\varepsilon D\frac{\partial f}{\partial\sigma}\right\} = (F,\delta u) - (\sigma_n, \delta\varepsilon) \tag{4-27}$$

进一步展开得到：

$$(D\Delta\varepsilon_n, \delta\varepsilon) - \left[\frac{1}{A}\left(\frac{\partial f}{\partial\sigma}\right)^{\mathrm{T}}D\Delta\varepsilon_n, \delta\varepsilon D\frac{\partial f}{\partial\sigma}\right] = \left(\frac{f_n}{A}, \delta\varepsilon D\frac{\partial f}{\partial\sigma}\right) + (F,\delta u) - (\sigma_n, \delta\varepsilon) \tag{4-28}$$

上式与通常的弹塑性算法相比，只多了方程右端项的第一项，当前一次迭代值落在屈服面时为零（因 $f_n = 0$）；但当 $f_n \neq 0$ 时，上述方程可自动校正，回到屈服面。

4.4.2　弹塑性全量计算公式

FEPG 中使用增量的全量形式，用 PDE 和 NFE 分别处理增量和全量部分，计算保留全量应力，迭代过程的增量应力不保留。

（1）塑性乘子方程

针对屈服函数方程得到的：

$$\left[\left(\frac{\partial f}{\partial\sigma}\right)^{\mathrm{T}}D\frac{\partial f}{\partial\sigma} - \frac{\partial f}{\partial\kappa}m\right]\Delta\lambda_n = \left(\frac{\partial f}{\partial\sigma}\right)^{\mathrm{T}}D\Delta\varepsilon_n + \Delta f_n \tag{4-29}$$

存在：

$$A\Delta\lambda_{n+1} = \left(\frac{\partial f}{\partial \sigma}\right)^{\mathrm{T}} D\Delta\varepsilon_{n+1} + \Delta f_{n+1} \tag{4-30}$$

其中

$$A = \left(\frac{\partial f}{\partial \sigma}\right)^{\mathrm{T}} D \frac{\partial f}{\partial \sigma} - \frac{\partial f}{\partial \kappa} m + \alpha \tag{4-31}$$

离开屈服面的值为：

$$\Delta f_{n+1} = f(\sigma_n, q_n) \tag{4-32}$$

则有：

$$A(\lambda_n + \Delta\lambda_{n+1}) - A\lambda_n = \left(\frac{\partial f}{\partial \sigma}\right)^{\mathrm{T}} D(\varepsilon_n + \Delta\varepsilon_{n+1}) - \left(\frac{\partial f}{\partial \sigma}\right)^{\mathrm{T}} D\varepsilon_n + f_n + \Delta f_{n+1} - f_n \tag{4-33}$$

设

$$A\lambda_n = \left(\frac{\partial f}{\partial \sigma}\right)^{\mathrm{T}} D\varepsilon_n + f_n \tag{4-34}$$

近似递推得：

$$A\lambda_{n+1} = \left(\frac{\partial f}{\partial \sigma}\right)^{\mathrm{T}} D\varepsilon_{n+1} + f_{n+1} \tag{4-35}$$

其中，每一步离开屈服面的值的和为 $f_{n+1} = f_n + \Delta f_n$。

（2）应力平衡方程

针对应力平衡方程：

$$\left[D\left(\Delta\varepsilon_n - \Delta\lambda_n \frac{\partial f}{\partial \sigma}\right), \delta\varepsilon\right] = (F, \delta u) - (\sigma_n, \delta\varepsilon) \tag{4-36}$$

存在：

$$(D\Delta\varepsilon_{n+1}, \delta\varepsilon) - (\Delta\lambda_{n+1}, \frac{\partial f}{\partial \sigma} D\delta\varepsilon) = (F, \delta u) - (\sigma_n, \delta\varepsilon) \tag{4-37}$$

则有：

$$D(\varepsilon_n + \Delta\varepsilon_{n+1}, \delta\varepsilon) - (D\Delta\varepsilon_n, \delta\varepsilon) - (\lambda_n + \Delta\lambda_{n+1}, \frac{\partial f}{\partial \sigma} D\delta\varepsilon) + (\lambda_n, \frac{\partial f}{\partial \sigma} D\delta\varepsilon)$$
$$= (F, \delta u) - (\sigma_n, \delta\varepsilon) \tag{4-38}$$

将

$$A\lambda_{n+1} = \left(\frac{\partial f}{\partial \sigma}\right)^{\mathrm{T}} D\varepsilon_{n+1} + f_{n+1} \tag{4-39}$$

中得到塑性乘子代入公式，可以得到：

$$(D\varepsilon_{n+1}, \delta\varepsilon) - \left\{\frac{1}{A}\left[\left(\frac{\partial f}{\partial \sigma}\right)^{\mathrm{T}} D\varepsilon_{n+1} + f_{n+1}\right], \frac{\partial f}{\partial \sigma} D\delta\varepsilon\right\}$$

$$= (D\varepsilon_n, \delta\dot\varepsilon) - \left\{ \frac{1}{A}\left[\left(\frac{\partial f}{\partial\sigma}\right)^{\mathrm{T}} D\varepsilon_n + f_n \right], \frac{\partial f}{\partial\sigma}D\delta\varepsilon \right\} + (F,\delta u) - (\sigma_n, \delta\dot\varepsilon)$$

$$(4\text{-}40)$$

进一步整理得到全量形式：

$$(D\varepsilon_{n+1}, \delta\dot\varepsilon) - \left[\frac{1}{A}\left(\frac{\partial f}{\partial\sigma}\right)^{\mathrm{T}} D\varepsilon_{n+1}, \frac{\partial f}{\partial\sigma}D\delta\varepsilon \right]$$

$$= (D\varepsilon_n, \delta\dot\varepsilon) - \left[\frac{1}{A}\left(\frac{\partial f}{\partial\sigma}\right)^{\mathrm{T}} D\varepsilon_n, \frac{\partial f}{\partial\sigma}D\delta\varepsilon \right] + \left(\frac{\Delta f_{n+1}}{A}, \frac{\partial f}{\partial\sigma}D\delta\varepsilon \right) +$$

$$(F,\delta u) - (\sigma_n, \delta\dot\varepsilon)$$

$$(4\text{-}41)$$

（3）应力 σ_n 的计算

$$\sigma_n = D(\varepsilon_n - \varepsilon_n^p) = D\left(\varepsilon_n - \lambda_n \frac{\partial f}{\partial\sigma}\right)$$

$$= D\varepsilon_n - D \frac{\left(\left[\frac{\partial f}{\partial\sigma}\right]^{\mathrm{T}} D\varepsilon_n + f_n \right)}{A} \frac{\partial f}{\partial\sigma}$$

$$= D\varepsilon_n - \frac{D\left(\frac{\partial f}{\partial\sigma}\right)^{\mathrm{T}} D\varepsilon_n \frac{\partial f}{\partial\sigma}}{A} - D\frac{f_n}{A}\frac{\partial f}{\partial\sigma} \qquad (4\text{-}42)$$

可以得到：

$$\sigma_n = D_{\mathrm{ep}}\varepsilon_n - \frac{f_n}{A}D\frac{\partial f}{\partial\sigma} \qquad (4\text{-}43)$$

式中，$D_{\mathrm{ep}} = D - \dfrac{D\left(\frac{\partial f}{\partial\sigma}\right)^{\mathrm{T}} \frac{\partial f}{\partial\sigma}D}{A}$。

由式（4-43）计算 σ_n，由式（4-41）计算 ε_{n+1}，重复迭代，直至收敛。

全量形式推导中省略了载荷的边界面积分项。下式中等号右边的前两项不写在 PDE(VDE)文件中，放在 NFE 文件中处理：

$$(D\varepsilon_{n+1}, \delta\dot\varepsilon) - \left[\frac{1}{A}\left(\frac{\partial f}{\partial\sigma}\right)^{\mathrm{T}} D\varepsilon_{n+1}, \delta\dot\varepsilon D\frac{\partial f}{\partial\sigma} \right]$$

$$= (D\varepsilon_n, \delta\dot\varepsilon) - \left[\frac{1}{A}\left(\frac{\partial f}{\partial\sigma}\right)^{\mathrm{T}} D\varepsilon_n, \delta\dot\varepsilon D\frac{\partial f}{\partial\sigma} \right] +$$

$$\left(\frac{1}{A}f_n, \delta\dot\varepsilon D\frac{\partial f}{\partial\sigma} \right) + (F,\delta u) - (\sigma_n, \delta\dot\varepsilon)$$

$$(4\text{-}44)$$

4.4.3 求解步骤

（1）使用阻尼牛顿迭代法计算第 $n+1$ 个迭代步相对于第 n 个迭代步时

的增量位移,直至收敛:

① 根据上一个迭代步计算得到的增量位移,计算增量应力;根据增量应力和初始应力计算得到总应力,并代入屈服函数判断弹塑性区域。

② 根据步骤①中得到的弹塑性区域,进行以下区分:

a. 弹性区按弹性计算,即平衡方程弱形式中含有 A 的项为 0;

b. 塑性区按塑性计算,即平衡方程弱形式中含有 A 的项不为 0。

根据上一个迭代步的结果,计算这个迭代步的增量位移,判断是否收敛。

③ 重复步骤①、②,直至增量位移收敛。

(2) 根据步骤①计算得到的增量位移计算第 $n+1$ 个加载步的位移,并计算第 $n+1$ 个加载步应力及内变量。

(3) 重复步骤(1)和(2),从而得到所有加载步的位移、应力和内变量。

4.4.4 位移与塑性乘子联立求解方法

对于应力平衡方程和屈服函数方程使用联立求解的方式,将屈服函数方程也写成弱形式,联立表达为:

$$\begin{cases} \left[D\left(\Delta\varepsilon_n - \Delta\lambda_n \dfrac{\partial f}{\partial\sigma} \right), \delta\varepsilon \right] = (F, \delta u) - (\sigma_n, \delta\varepsilon) \\ \left(\dfrac{\partial f}{\partial\sigma} \right)^{\mathrm{T}} D\left(\Delta\varepsilon_n - \Delta\lambda_n \dfrac{\partial f}{\partial\sigma} \right) + \dfrac{\partial f}{\partial\kappa} m \Delta\lambda_n + f_n = 0 \end{cases} \tag{4-45}$$

将屈服函数写成关于塑性乘子的弱形式:

$$\left[\left(\dfrac{\partial f}{\partial\sigma} \right)^{\mathrm{T}} D\left(\Delta\varepsilon_n - \Delta\lambda_n \dfrac{\partial f}{\partial\sigma} \right) + \dfrac{\partial f}{\partial\kappa} m \Delta\lambda_n + f_n, \delta\lambda \right] = 0 \tag{4-46}$$

整理得到:

$$\begin{cases} (D\Delta\varepsilon_n, \delta\varepsilon) - \left(D\dfrac{\partial f}{\partial\sigma} \Delta\lambda_n, \delta\varepsilon \right) = (F, \delta u) - (\sigma_n, \delta\varepsilon) \\ \left[\left(\dfrac{\partial f}{\partial\sigma} \right)^{\mathrm{T}} D\Delta\varepsilon_n, \delta\lambda \right] - \left\{ \left[\left(\dfrac{\partial f}{\partial\sigma} \right)^{\mathrm{T}} D\dfrac{\partial f}{\partial\sigma} - \dfrac{\partial f}{\partial\kappa} m \right] \Delta\lambda_n, \delta\lambda \right\} + (f_n, \delta\lambda) = 0 \end{cases}$$

$$\tag{4-47}$$

仍然对屈服函数使用阻尼牛顿算法:

$$\begin{cases} (D\Delta\varepsilon_n, \delta\varepsilon) - \left(D\dfrac{\partial f}{\partial\sigma} \Delta\lambda_n, \delta\varepsilon \right) = (F, \delta u) - (\sigma_n, \delta\varepsilon) \\ (A\Delta\lambda_n, \delta\lambda) - \left[\left(\dfrac{\partial f}{\partial\sigma} \right)^{\mathrm{T}} D\Delta\varepsilon_n, \delta\lambda \right] = (f_n, \delta\lambda) \end{cases} \tag{4-48}$$

式中,$A = \left(\dfrac{\partial f}{\partial\sigma} \right)^{\mathrm{T}} D\dfrac{\partial f}{\partial\sigma} - \dfrac{\partial f}{\partial\kappa} m + \alpha$。

阻尼因子 α 为：

$$\alpha = \begin{cases} 3.5 \left(\dfrac{\partial f}{\partial \sigma} \right)^{\mathrm{T}} D \dfrac{\partial f}{\partial \sigma} & \dfrac{\partial f}{\partial \kappa} m \leqslant \left(\dfrac{\partial f}{\partial \sigma} \right)^{\mathrm{T}} D \dfrac{\partial f}{\partial \sigma} \\ -2 \left(\dfrac{\partial f}{\partial \sigma} \right)^{\mathrm{T}} D \dfrac{\partial f}{\partial \sigma} & \dfrac{\partial f}{\partial \kappa} m > \left(\dfrac{\partial f}{\partial \sigma} \right)^{\mathrm{T}} D \dfrac{\partial f}{\partial \sigma} \end{cases} \tag{4-49}$$

同理推导全量形式,得到平衡方程和屈服函数方程的全量形式分别为：

$$\begin{cases} (D\varepsilon_{n+1}, \delta\varepsilon) - \left(D \dfrac{\partial f}{\partial \sigma} \lambda_{n+1}, \delta\varepsilon \right) = (D\varepsilon_n, \delta\varepsilon) - \left(D \dfrac{\partial f}{\partial \sigma} \lambda_n, \delta\varepsilon \right) + (F, \delta u) - (\sigma_n, \delta\varepsilon) \\ (A\lambda_{n+1}, \delta\lambda) - \left(\dfrac{\partial f}{\partial \sigma} D\varepsilon_{n+1}, \delta\lambda \right) = (A\lambda_n, \delta\lambda) - \left(\dfrac{\partial f}{\partial \sigma} D\varepsilon_n, \delta\lambda \right) + (f_n, \delta\lambda) \end{cases}$$
$$\tag{4-50}$$

将上两式联立,等式左端写到 PDE 文件中。

4.4.5　梯度塑性理论推导

在岩土工程中 D-P 屈服准则应用广泛,屈服函数可以写为：

$$f = q - p\tan \beta - d = 0 \tag{4-51}$$

式中,$p = I_1/3$；$q = \sqrt{3J_2}$；β 和 d 是 D-P 准则中的屈服线的倾角和截距,与内摩擦角和黏聚力有关,如图 4-3 所示。

将屈服函数用应力不变量 I_1 和 J_2 表示成：

$$\sqrt{J_2} + \alpha I_1 - K = 0 \tag{4-52}$$

式中,$\tan \beta = 3\sqrt{3}\alpha$；$d = \sqrt{3}K$。

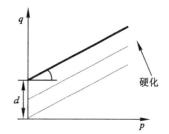

图 4-3　p-q 平面中 D-P 准则的屈服面

采用关联流动法则,M-C 模型黏聚力和内摩擦角与 D-P 模型的 d 和 β 的转换关系为：

$$\alpha = \frac{\sin \varphi}{\sqrt{3}\sqrt{3 + \sin^2 \varphi}}, \quad K = \frac{\sqrt{3}\,c\cos \varphi}{\sqrt{3 + \sin^2 \varphi}} \tag{4-53}$$

假定与黏聚力相关的 d 发生软化,引入软化模量和梯度项。梯度项的引入使得求解必须使用联立求解方式。假设屈服函数只是应力与内变量 κ 的函数,即 $f = f(\sigma, \kappa)$,则梯度塑性理论下的 D-P 屈服面可表示为：

$$f(\sigma, \kappa) = q - p\tan \beta - (d + \bar{h}k + \bar{h}l^2 \nabla^2 k) \tag{4-54}$$

式中,$\bar{h}$ 为软化模量；l 为材料的内部特征参数；k 为软化参数,与塑性乘子有关。梯度塑性理论中应变软化效应主要由 $\bar{h}k$ 项体现,$\bar{h}l^2 \nabla^2 k$ 项则给出了软化在梯度上的限制。

为了求解屈服函数的偏导数,引入对称矩阵 $\boldsymbol{P}$:

$$\boldsymbol{P} = \begin{pmatrix} \dfrac{2}{3} & -\dfrac{1}{3} & -\dfrac{1}{3} & 0 & 0 & 0 \\ -\dfrac{1}{3} & \dfrac{2}{3} & 0 & 0 & 0 & 0 \\ -\dfrac{1}{3} & 0 & \dfrac{2}{3} & 0 & 0 & 0 \\ 0 & 0 & 0 & 2 & 0 & 0 \\ 0 & 0 & 0 & 0 & 2 & 0 \\ 0 & 0 & 0 & 0 & 0 & 2 \end{pmatrix} \tag{4-55}$$

令

$$\delta = (1/3, 1/3, 1/3, 0, 0, 0)^{\mathrm{T}} \tag{4-56}$$

用应力表示 p、q,屈服函数可以写为:

$$f(\sigma, k) = \sqrt{\frac{3}{2}\sigma^{\mathrm{T}}\boldsymbol{P}\sigma} + \tan\beta\,\delta^{\mathrm{T}}\sigma - (d + \bar{h}k + \bar{h}l^2 \nabla^2 k) \tag{4-57}$$

应力偏导数为:

$$\frac{\partial f}{\partial \sigma} = \tan\beta\,\delta^{\mathrm{T}} + \frac{3\boldsymbol{P}\sigma}{2\sqrt{\dfrac{3}{2}\sigma^{\mathrm{T}}\boldsymbol{P}\sigma}} \tag{4-58}$$

使用相关联流动法则,根据塑性应变增量关系,得到与塑性乘子的关系为:

$$\mathrm{d}k = \sqrt{1 + 2(\tan\beta)^2/9}\,\mathrm{d}\lambda = \eta\mathrm{d}\lambda \tag{4-59}$$

依据 Kuhn-Tucker 条件有:

$$f(\sigma, \kappa)\mathrm{d}\lambda = 0, \quad \mathrm{d}\lambda \geqslant 0, \quad f(\sigma, \kappa) \leqslant 0$$

一致性条件为:

$$\mathrm{d}f = \left\{\frac{\partial f}{\partial \sigma}\right\}^{\mathrm{T}}\mathrm{d}\sigma + \frac{\partial f}{\partial \kappa}\mathrm{d}\kappa + \frac{\partial f}{\partial \nabla^2 \kappa}\nabla^2(\mathrm{d}\kappa) = 0 \tag{4-60}$$

屈服函数线性化为:

$$\begin{aligned} f_{n+1} &= \left(\frac{\partial f}{\partial \sigma}\right)^{\mathrm{T}}\Delta\sigma_n + \frac{\partial f}{\partial \kappa}\Delta\kappa_n - \bar{h}\eta\Delta\lambda_n - \bar{h}l^2\eta\nabla^2\Delta\lambda_n + f_n \\ &= \left(\frac{\partial f}{\partial \sigma}\right)^{\mathrm{T}}D(\Delta\varepsilon_n - \Delta\varepsilon_n^p) + \frac{\partial f}{\partial \kappa}m\Delta\lambda_n - \bar{h}\eta\Delta\lambda_n - \bar{h}l^2\eta\nabla^2\Delta\lambda_n + f_n \end{aligned} \tag{4-61}$$

将式(4-61)代入 $f_{n+1}=0$,于是可以将位移和屈服函数方程组化为:

$$
\begin{cases}
\left[D(\Delta\varepsilon_n - \Delta\varepsilon_n^p), \delta\varepsilon \right] = (F, \delta u) - (\sigma_n, \delta\varepsilon) \\[2mm]
\left(\dfrac{\partial f}{\partial \sigma}\right)^{\mathrm{T}} D(\Delta\varepsilon_n - \Delta\varepsilon_n^p) + \dfrac{\partial f}{\partial \kappa} m \Delta\lambda_n - \bar{h}\eta\Delta\lambda_n - \bar{h}l^2 \eta \nabla^2 \Delta\lambda_n + f_n = 0 \\[2mm]
\Delta\varepsilon_n^p = \Delta\lambda_n \dfrac{\partial f}{\partial \sigma}
\end{cases}
$$

$$(4\text{-}62)$$

将流动法则(第三式)代入上式中,消去 $\Delta\varepsilon_n^p$ 得到:

$$
\begin{cases}
\left[D\left(\Delta\varepsilon_n - \Delta\lambda_n \dfrac{\partial f}{\partial \sigma}\right), \delta\varepsilon \right] = (F, \delta u) - (\sigma_n, \delta\varepsilon) \\[2mm]
\left(\dfrac{\partial f}{\partial \sigma}\right)^{\mathrm{T}} D\left(\Delta\varepsilon_n - \Delta\lambda_n \dfrac{\partial f}{\partial \sigma}\right) + \dfrac{\partial f}{\partial \kappa} m \Delta\lambda_n - \bar{h}\eta\Delta\lambda_n - \bar{h}l^2 \eta \nabla^2 \Delta\lambda_n + f_n = 0
\end{cases}
$$

$$(4\text{-}63)$$

通过上式中的屈服函数方程可以得到:

$$
\left[\left(\frac{\partial f}{\partial \sigma}\right)^{\mathrm{T}} D \frac{\partial f}{\partial \sigma} - \frac{\partial f}{\partial \kappa} m + \bar{h}\eta \right] \Delta\lambda_n = \left(\frac{\partial f}{\partial \sigma}\right)^{\mathrm{T}} D\Delta\varepsilon_n - \bar{h}l^2 \eta \nabla^2 \Delta\lambda_n + f_n
$$

$$(4\text{-}64)$$

为了求解方程,采用阻尼牛顿法,设阻尼因子为 α,则有:

$$
\Delta\lambda_n = \frac{1}{A} \left[\left(\frac{\partial f}{\partial \sigma}\right)^{\mathrm{T}} D\Delta\varepsilon_n - \bar{h}l^2 \eta \nabla^2 \Delta\lambda_n + f_n \right]
$$

$$(4\text{-}65)$$

其中

$$
A = \left(\frac{\partial f}{\partial \sigma}\right)^{\mathrm{T}} D \frac{\partial f}{\partial \sigma} - \frac{\partial f}{\partial \kappa} m + \bar{h}\eta + \alpha
$$

$$(4\text{-}66)$$

阻尼因子 α 的取值如下:

$$
\alpha = \begin{cases}
1.5 \left(\dfrac{\partial f}{\partial \sigma}\right)^{\mathrm{T}} D \dfrac{\partial f}{\partial \sigma} & \dfrac{\partial f}{\partial \kappa} m - \bar{h}\eta \leqslant \left(\dfrac{\partial f}{\partial \sigma}\right)^{\mathrm{T}} D \dfrac{\partial f}{\partial \sigma} \\[3mm]
-2 \left(\dfrac{\partial f}{\partial \sigma}\right)^{\mathrm{T}} D \dfrac{\partial f}{\partial \sigma} & \dfrac{\partial f}{\partial \kappa} m - \bar{h}\eta > \left(\dfrac{\partial f}{\partial \sigma}\right)^{\mathrm{T}} D \dfrac{\partial f}{\partial \sigma}
\end{cases}
$$

$$(4\text{-}67)$$

屈服函数弱形式基于:

$$
A\Delta\lambda_n = \left[\left(\frac{\partial f}{\partial \sigma}\right)^{\mathrm{T}} D\Delta\varepsilon_n - \bar{h}l^2 \eta \nabla^2 \Delta\lambda_n + f_n \right]
$$

$$(4\text{-}68)$$

写成塑性乘子的弱形式为:

$$
(A\Delta\lambda_n, \delta\lambda) + (\bar{h}l^2 \eta \nabla^2 \Delta\lambda_n, \delta\lambda) - \left[\left(\frac{\partial f}{\partial \sigma}\right)^{\mathrm{T}} D\Delta\varepsilon_n, \delta\lambda \right] = (f_n, \delta\lambda) \quad (4\text{-}69)
$$

分部积分得到:

$$
(A\Delta\lambda_n, \delta\lambda) - (\bar{h}l^2 \eta \nabla\Delta\lambda_n, \nabla\delta\lambda) - \left[\left(\frac{\partial f}{\partial \sigma}\right)^{\mathrm{T}} D\Delta\varepsilon_n, \delta\lambda \right] = (f_n, \delta\lambda) \quad (4\text{-}70)
$$

这样联立平衡方程和屈服函数方程可以得到：

$$\begin{cases}(D\Delta\varepsilon_n,\delta\!\varepsilon)-\left(D\dfrac{\partial f}{\partial\sigma}\Delta\lambda_n,\delta\!\varepsilon\right)=(F,\delta u)-(\sigma_n,\delta\!\varepsilon)\\(A\Delta\lambda_n,\delta\lambda)-(\bar{h}l^2\eta\,\nabla\Delta\lambda_n,\nabla\delta\lambda)-\left[\left(\dfrac{\partial f}{\partial\sigma}\right)^{\mathrm T}D\Delta\varepsilon_n,\delta\lambda\right]=(f_n,\delta\lambda)\end{cases}$$

$$(4-71)$$

其中，屈服函数方程右端项$(f_n,\delta\lambda)$在屈服函数中直接求解不便，依据式(4-54)，可以将塑性乘子的弱形式写为：

$$(f_n,\delta\lambda)=(q-p\tan\beta-d,\delta\lambda)-(\bar{h}\eta\lambda,\delta\lambda)-(\bar{h}l^2\eta\,\nabla^2\lambda,\delta\lambda)\quad(4-72)$$

分部积分得到：

$$(f_n,\delta\lambda)=(q-p\tan\beta-d,\delta\lambda)-(\bar{h}\eta\lambda,\delta\lambda)+(\bar{h}l^2\eta\,\nabla\lambda,\nabla\delta\lambda)\quad(4-73)$$

上式可以写成：

$$(f_n,\delta\lambda)=(f_n^{dp},\delta\lambda)-(\bar{h}\eta\lambda,\delta\lambda)+(\bar{h}l^2\eta\,\nabla\lambda,\nabla\delta\lambda)\quad(4-74)$$

其中，右端第二和第三项不在屈服函数计算时考虑，故式(4-71)可写为：

$$\begin{cases}(D\Delta\varepsilon_n,\delta\!\varepsilon)-\left(D\dfrac{\partial f}{\partial\sigma}\Delta\lambda_n,\delta\!\varepsilon\right)=(F,\delta u)-(\sigma_n,\delta\!\varepsilon)\\(A\Delta\lambda_n,\delta\lambda)-(\bar{h}l^2\eta\,\nabla\Delta\lambda_n,\nabla\delta\lambda)-\left[\left(\dfrac{\partial f}{\partial\sigma}\right)^{\mathrm T}D\Delta\varepsilon_n,\delta\lambda\right]=(f_n^{dp},\delta\lambda)-\\\qquad(\bar{h}\eta\Delta\lambda,\delta\lambda)+(\bar{h}l^2\eta\,\nabla\Delta\lambda,\nabla\delta\lambda)\end{cases}$$

$$(4-75)$$

对应的平衡方程和屈服函数方程全量形式为：

$$\begin{cases}(D\varepsilon_{n+1},\delta\!\varepsilon)-\left(D\dfrac{\partial f}{\partial\sigma}\lambda_{n+1},\delta\!\varepsilon\right)=(D\varepsilon_n,\delta\!\varepsilon)-\\\qquad\left(D\dfrac{\partial f}{\partial\sigma}\lambda_n,\delta\!\varepsilon\right)+(F,\delta u)-(\sigma_n,\delta\!\varepsilon)\\(A\lambda_{n+1},\delta\lambda)-(\bar{h}l^2\eta\,\nabla\lambda_{n+1},\nabla\delta\lambda)-\left(\dfrac{\partial f}{\partial\sigma}D\varepsilon_{n+1},\delta\lambda\right)=\\\qquad(A\lambda_n,\delta\lambda)-(\bar{h}l^2\eta\,\nabla\lambda_n,\nabla\delta\lambda)-\left(\dfrac{\partial f}{\partial\sigma}D\varepsilon_n,\delta\lambda\right)+\\\qquad(f_n^{dp},\delta\lambda)-(\bar{h}\eta\lambda_n,\delta\lambda)+(\bar{h}l^2\eta\,\nabla\lambda_n,\nabla\delta\lambda)\end{cases}\quad(4-76)$$

按照上式编写梯度塑性理论的基本程序。

梯度塑性理论的求解可以使用两种方式：C^1阶连续形式和C^0阶连续形式。

采用C^1阶连续形式时，上述弱形式为包含边界项，可以写成有限元常规表达的矩阵形式，将位移u和塑性乘子λ作为独立的变量进行离散，设a和Λ为单元节点位移和塑性乘子列向量，插值函数分别为N和q，则单元内任意点位移和塑性乘子通过节点插值：

$$u = Na \,, \quad \Delta\lambda = q^{\mathrm{T}}\Delta\Lambda \tag{4-77}$$

则

$$\varepsilon = LNa = Ba \,, \quad \nabla^2(\Delta\lambda) = \nabla^2 q^{\mathrm{T}}\Delta\Lambda = p^{\mathrm{T}}\Delta\Lambda \tag{4-78}$$

得到非线性方程组：

$$\begin{vmatrix} K_{aa} & K_{a\lambda} \\ K_{\lambda a} & K_{\lambda\lambda} \end{vmatrix} \begin{vmatrix} \mathrm{d}a \\ \mathrm{d}\Lambda \end{vmatrix} = \begin{vmatrix} f_e + f_a \\ f_\lambda \end{vmatrix} \tag{4-79}$$

其中

$$K_{aa} = \int_V B^{\mathrm{T}} DB \,\mathrm{d}V \tag{4-80}$$

$$K_{a\lambda} = -\int_V B^{\mathrm{T}} D \frac{\partial f}{\partial \sigma} q^{\mathrm{T}} \,\mathrm{d}V \tag{4-81}$$

$$K_{\lambda a} = -\int_V q \left(\frac{\partial f}{\partial \sigma}\right)^{\mathrm{T}} DB \,\mathrm{d}V \tag{4-82}$$

$$K_{\lambda\lambda} = \int_V \left\{ \left[\bar{h}\eta + \left(\frac{\partial f}{\partial \sigma}\right)^{\mathrm{T}} D \frac{\partial f}{\partial \sigma} \right] qq^{\mathrm{T}} + \bar{h}\eta l^2 qp^{\mathrm{T}} \right\} \mathrm{d}V \tag{4-83}$$

$$f_e = \int_S N^{\mathrm{T}} t_{j+1} \,\mathrm{d}S \tag{4-84}$$

$$f_a = -\int_V B^{\mathrm{T}} \sigma_j \,\mathrm{d}V \tag{4-85}$$

$$f_\lambda = \int_V f(\sigma_j, \lambda_j, \nabla^2 \lambda_j) q \,\mathrm{d}V \tag{4-86}$$

塑性乘子边界条件：

$$\Delta\lambda = 0 \quad \text{或} \quad (\nabla \mathrm{d}\lambda)^{\mathrm{T}} v_\lambda = 0 \tag{4-87}$$

常规有限元在梯度项求解时对塑性乘子形函数连续性有要求，塑性乘子要 C^1 阶连续，对单元要求较高。连续，是指如果一个函数及其直至 $n-1$ 阶导数连续，其第 n 阶导数具有有限个不连续点，但在域内可积，则将其称为具有 C_{n-1} 阶连续性的函数，具有 C_{n-1} 阶连续性的函数将使包含该函数直至其 n 阶导数的积分项称为可积。弱形式表现不需要满足单元上任一点的条件，至少满足积分点的条件。偏微分方程中常用到分部积分，分部积分的前提是弱化方程中算子导数的阶次分部积分，本质上可以说：弱形式对函数的连续性要求的降低是以提高权函数的连续性要求为代价的，由于原来对权函数并无连续性要求，但是适当提高对其连续性要求并不困难，因为它们是可以选择的已知函数。所以使用常规有限元计算对塑性乘子的插值函数要求 C^1 阶连续，一般需要使用高阶单元或者混合单元。

采用 C^0 阶连续形式时，为了对塑性乘子使用 C^0 阶连续插值函数，引入向量 $\boldsymbol{\varphi} = (\varphi_x, \varphi_y, \varphi_z)$，其中：

$$\varphi_x = \frac{\partial \lambda}{\partial x}, \quad \varphi_y = \frac{\partial \lambda}{\partial y}, \quad \varphi_z = \frac{\partial \lambda}{\partial z} \tag{4-88}$$

塑性乘子的梯度为：

$$\nabla \lambda = \varphi \tag{4-89}$$

则

$$\nabla^2 \lambda = \frac{\partial \varphi_x}{\partial x} + \frac{\partial \varphi_y}{\partial y} + \frac{\partial \varphi_z}{\partial z} \tag{4-90}$$

将屈服函数和平衡方程写成矩阵形式，对于相关联法则有：

$$\left\{ \begin{vmatrix} K_{aa} & K_{a\lambda} & 0 \\ K_{\lambda a} & K_{\lambda\lambda} & 0 \\ 0 & 0 & K_{\varphi\varphi} \end{vmatrix} + \begin{vmatrix} 0 & 0 & 0 \\ 0 & K_{\lambda\lambda}^c & K_{\lambda\varphi}^c \\ 0 & K_{\lambda\varphi}^{cT} & K_{\varphi\varphi}^c \end{vmatrix} \right\} \begin{vmatrix} \mathrm{d}a \\ \mathrm{d}\Lambda \\ \mathrm{d}\varphi \end{vmatrix} = \begin{vmatrix} f_e + f_a \\ f_\lambda \\ 0 \end{vmatrix} \tag{4-91}$$

其中

$$K_{\varphi\varphi} = \int_V (-\bar{h}\eta^2 N^\mathrm{T} N)\,\mathrm{d}V \tag{4-92}$$

$$K_{\lambda\lambda} = \int_V \left\{ \left[\bar{h}\eta + \left(\frac{\partial f}{\partial \sigma}\right)^\mathrm{T} D \frac{\partial f}{\partial \sigma} \right] qq^\mathrm{T} \right\} \mathrm{d}V \tag{4-93}$$

$$K_{\lambda\varphi} = \int_V \bar{h}\eta^2 q\,\nabla^\mathrm{T} N\,\mathrm{d}V \tag{4-94}$$

$$K_{\lambda\lambda}^c = \int_V qq^\mathrm{T}\,\mathrm{d}V, \quad K_{\varphi\varphi}^c = \int_V N^\mathrm{T} N\,\mathrm{d}V, \quad K_{\lambda\varphi}^c = \int_V -qN\,\mathrm{d}V \tag{4-95}$$

塑性部分的边界条件：

$$\mathrm{d}\lambda = 0 \quad \text{或} \quad \mathrm{d}\varphi^\mathrm{T} v_\lambda = 0 \tag{4-96}$$

梯度塑性有限元将塑性乘子作为一个未知量与位移一起求解，依据 Kuhn-Tucker 条件，$f(\sigma, \kappa)\mathrm{d}\lambda = 0, \mathrm{d}\lambda \geqslant 0, f(\sigma, \kappa) \leqslant 0$，当前应力点位于屈服面内部时，$f(\sigma, \kappa) < 0$，则 $\mathrm{d}\lambda = 0$；当前应力点位于屈服面上时，$f(\sigma, \kappa) = 0$，$\mathrm{d}\lambda$ 位移方程和屈服函数方程联立求解。对于平衡方程和屈服条件使用相同网格的情况，边界满足计算要求。

本书计算使用 C^0 阶连续形式。节点变量的更新以增量的全量形式，每次迭代全量增量来自上一加载步结束时平衡状态。塑性乘子增量由节点值确定，在积分点级别没有额外迭代运算。梯度塑性算法步骤如下：

（1）根据式（4-90）～式（4-93）和式（4-82）～式（4-84）等计算 K、f。

（2）根据式(4-89)计算节点增量位移 da 和增量塑性乘子 $d\Lambda$ 并更新。

（3）根据式(4-75)、式(4-76)对每个积分点计算应变 $\Delta\varepsilon$、塑性梯度项和内变量：

① 计算试探应力 $\sigma_{\text{trial}} = \sigma_0 + D\Delta\varepsilon$。

② 将试探应力代入屈服函数判断 $f = 0$，进入塑性状态，计算 $d\lambda$，根据试探应力和 $d\lambda$ 计算应力，屈服函数 $f < 0$，弹性状态，应力为试探应力。

（4）判断收敛，不收敛从步骤(1)重新开始。

4.5　平面应变试验算例

4.5.1　模型参数

将梯度塑性理论的有限元程序用于土样计算，选取平面应变试验条件，试样尺寸为 50 mm×100 mm×1 mm，使用 4 节点单元，每个节点有竖向位移、水平位移和塑性乘子 3 个自由度。施加初始固结压力 100 kPa，之后进行应变控制加载。试样的上下端部是位移边界条件，顶部加载过程中各点竖向应变始终相等，约束水平位移；左右两侧是力的边界条件，试样底部固定。

基于 D-P 模型的参数，有效密度 1.5 g/cm³，弹性模量 1.0×10^7 Pa，泊松比 0.4。试样端部完全约束，竖向压缩 0.005 m。通过试算阻尼参数取为 3.5 和 2.0。计算网格划分、软化模量、与内摩擦角相关的参数 β 和与黏聚力相关的参数 d 不同情况对试样的变形和应力应变关系的影响。

4.5.2　计算结果

4.5.2.1　软化计算结果

只考虑模型软化情况，划分 20×40＝800（个）单元，d 为 70 kPa，β 为 45°，软化模量－70 kPa，考虑收敛误差控制的影响。将误差设置为 1.0×10^{-5} 时的云图如图 4-4 所示，试样均匀鼓胀，形成交叉变形集中带。

对不同收敛误差情况计算的应力应变曲线如图 4-5 所示，误差为 1.0×10^{-5} 可以满足要求。当软化模量为－100 kPa 时，塑性乘子和等效塑性应变如图 4-6 所示，试样受到端部约束的影响呈鼓胀破坏形式，形成了明显的交叉型应变集中区域，即剪切带。

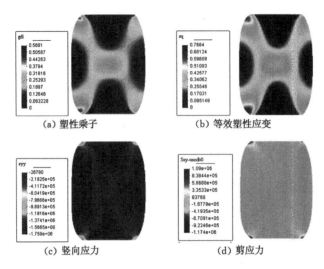

（a）塑性乘子　　　　　　　　　（b）等效塑性应变

（c）竖向应力　　　　　　　　　（d）剪应力

图 4-4　应力应变云图

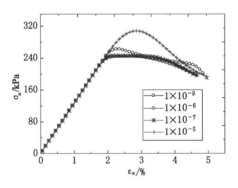

图 4-5　不同收敛误差的应力应变曲线

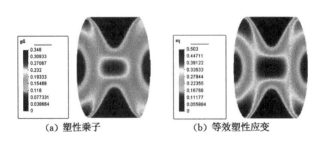

（a）塑性乘子　　　　　　　　　（b）等效塑性应变

图 4-6　塑性乘子和等效塑性应变云图

初始固结压力 100 kPa，d 为 70 kPa，β 为 45°，使用 1.0×10^{-5} 误差控制，不同软化模量时的试样应力应变曲线如图 4-7 所示，说明算法能够计算应变软化现象。

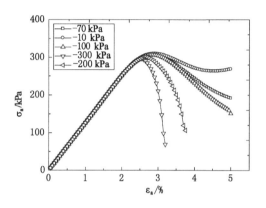

图 4-7　不同软化模量的应力应变曲线

当与内摩擦角相关的参数 β 为 10°，与黏聚力相关的参数 d 为 40 kPa，软化模量为 −100 kPa 时的塑性乘子和等效塑性应变如图 4-8 所示，形成交叉剪切带。

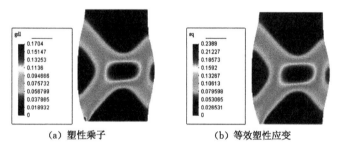

（a）塑性乘子　　　　　　　　　（b）等效塑性应变

图 4-8　塑性乘子和等效塑性应变云图

4.5.2.2　梯度塑性计算结果

考虑梯度项影响，使用梯度塑性有限元计算。划分 $20 \times 40 = 800$（个）单元，与内摩擦角和黏聚力相关的参数 β 和 d 分别为 45° 和 70 kPa，软化模量为 −100 kPa，有无梯度项的计算结果如图 4-9 所示，其中等效塑性应变提取大于 0.3 的区域。内部特征参数取 0.001 m 时，对土样整体破坏形式没有影响，但塑性应变大小有变化。

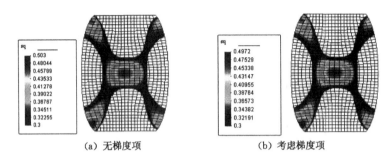

（a）无梯度项　　　　　　　　（b）考虑梯度项

图 4-9　等效塑性应变云图

研究内部特征参数的影响程度，使用相同网格，内部特征参数 l 分别取 0 m、0.01 m、0.001 m 时，如图 4-10 所示，此种情况荷载位移曲线没有明显区别。

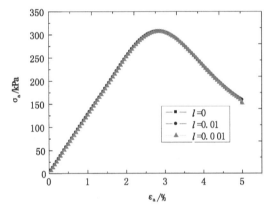

图 4-10　不同梯度项系数的应力应变曲线

研究此种参数条件网格划分影响，当内部特征参数为 0.001 m 时，分别使用 10×20、15×30、20×40 的网格划分，得到的荷载位移曲线如图 4-11 所示，竖向应变在 3% 左右达到峰值，不同网格得到的峰值应力相同，过峰值后应变 4% 之前的应力应变曲线一致，说明没有因网格不同产生应力差异过大，应变超过 4% 后，不同网格产生差异，最大是 25 kPa。

参数 d 为 40 kPa，梯度项系数取 0.1 m，软化模量为 −30 kPa 时计算云图结果如图 4-12 所示。不同软化模量情况下，如 0 kPa、−30 kPa、−50 kPa、−60 kPa 时的荷载位移曲线如图 4-13 所示。

由图 4-13 可见，随着软化模量绝对值的增加，软化程度越来越明显，软化

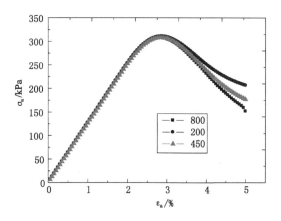

图 4-11   不同网格划分的应力应变曲线

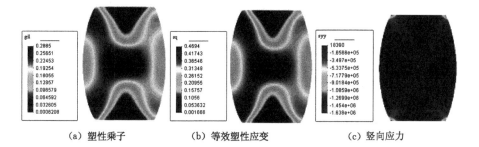

（a）塑性乘子　　　　（b）等效塑性应变　　　　（c）竖向应力

图 4-12   计算云图结果

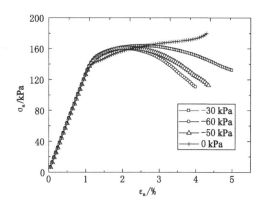

图 4-13   不同软化模量的应力应变曲线

模量为 0 时,有硬化趋势。

增大参数 d 为 70 kPa,梯度项系数取 0.1 m,软化模量为 -60 kPa 时试样应力和应变云图如图 4-14 所示。软化模量为 -60 kPa、-70 kPa 时的荷载位移曲线如图 4-15 所示。

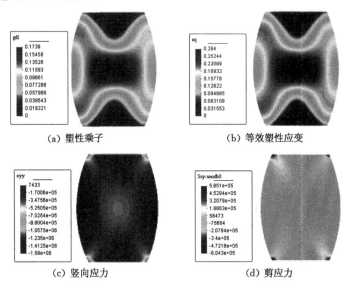

(a) 塑性乘子   (b) 等效塑性应变

(c) 竖向应力   (d) 剪应力

图 4-14　塑性应力应变云图

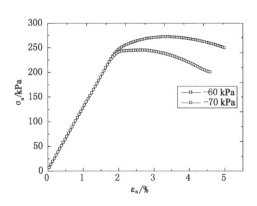

图 4-15　不同软化模量的应力应变曲线

参数 β 为 45°,软化模量为 -60 kPa,梯度项系数取 0.1 m,参数 d 为 40 kPa,不同网格划分情况的荷载位移曲线如图 4-16 所示,网格划分分别为 10×20、15×30、20×40、25×50、30×60。对于网格为 200、450、800 的情况,试样应力应变关系曲线具有一致的峰值,峰值后下降段平缓;不同网格应力应变曲线比较接近,在计算结束时刻的最大差异是 28 kPa。继续细化网格到1 250、1 800 的情况,峰值稍有差异,网格数为 800 与 1 800 的最大差值是14 kPa,应力应变曲线的峰值后软化段应力基本一致。

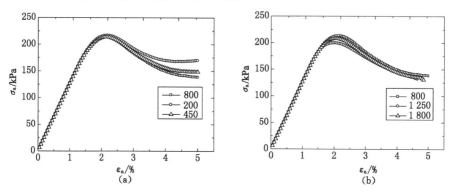

图 4-16　不同网格划分的应力应变曲线

考虑内部特征参数的影响,对于 $15 \times 30 = 450$ (个)网格的情况,d 为 40 kPa,软化模量为 -60 kPa,改变梯度项系数为 0.001 m、0.01 m、0.1 m,得到的荷载位移曲线如图 4-17 所示。不同内部特征长度对试样的峰值影响不大,对峰值后的下降过程有影响,随着内部特征参数的减小,对应力应变曲线的影响也减小。

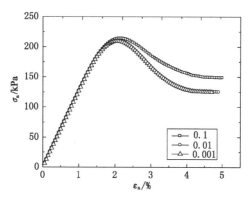

图 4-17　不同梯度项系数的应力应变曲线

平面应变算例的计算结果表明,阻尼牛顿算法能够用于软化问题的计算,编制的梯度塑性理论能够初步解决网格依赖性问题。

4.6 本章小结

(1) 基于有限元自动生成系统(FEPG),开发梯度塑性理论有限元程序,用于解决应变软化问题和网格依赖性问题。

(2) 将平衡方程和屈服方程写成弱形式,进行了有限元公式推导,在软化问题求解上使用阻尼牛顿法。在弹塑性算法中引入阻尼因子,提出带阻尼因子的 u-λ 算法,即联立求解位移方程和屈服面方程,将位移和塑性乘子作为变量,即单元自由度,同时求解。

(3) 在 D-P 准则中引入软化模量和材料内部特征长度,使本构模型能够考虑应变软化和梯度效应。基于带阻尼因子的 u-λ 算法,推导以偏微分方程弱形式表达的梯度塑性理论公式,进而编制梯度塑性有限元程序。进行了平面应变试验算例分析,结果表明带阻尼因子的 u-λ 算法能够计算软化问题。以有限元弱形式表达的梯度塑性理论,使用一阶单元就能够得到合理的结果,在一定网格范围能够得到稳定的应力应变曲线,基本解决网格依赖性问题。

第 5 章　土体渐进破坏的边坡稳定性分析

本章基于前文对土体渐进破坏过程的认识,提出局部强度阶梯折减法和梯度塑性有限元法,对边坡稳定性问题进行分析。

5.1　边坡稳定性分析与评价方法

边坡稳定性分析方法可以分为定性分析和定量分析。定性分析包括地质分析法、工程类比法、图解法,具体用曲线和图来表征边坡有关参数之间的定量关系,求出边坡稳定性系数,利用图解求边坡变形破坏的边界条件;或者使用边坡稳定专家系统进行分析。定量分析有刚体极限平衡法、数值分析法[138-139]、地质力学模型试验方法等,如图 5-1 所示。

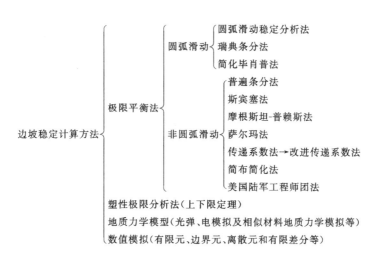

图 5-1　边坡稳定性分析方法

5.2 局部强度阶梯折减法

5.2.1 局部强度阶梯折减法基本原理

边坡土体的破坏具有明显的渐进性,边坡体的失稳也都是由局部不利部位开始发展,随后逐步向周围土体扩张,直至最后破坏,形成一条稳定的滑裂带。为了更好地研究边坡破坏的一系列渐进过程,笔者提出了局部强度阶梯折减的概念。局部强度阶梯折减,顾名思义就是将边坡的局部土体按阶梯式折减。首先,把边坡初始约束条件及相关参数代入模型进行计算,得到初始局部破损区;或者先对边坡进行一次整体强度折减,以确保获得初始破损区。再对破损区按一定折减系数进行强度折减,以获得新的破损区;对不同折减次数得到的初始破损区和新破损区给予不同的折减系数,以保证潜在滑裂面上的土体强度折减参数保持过渡性和连续性。随着边坡局部土体的折减区域和折减系数的持续加大,该部位土体强度将逐渐减小,最终边坡形成一条明显的贯通区。

5.2.2 局部强度阶梯折减的折减方法

折减方法采用下式进行计算:

$$c' = \frac{c}{k}, \quad \tan \varphi' = \frac{\tan \varphi}{k} \tag{5-1}$$

式中,c 为土体黏聚力;φ 为土体内摩擦角;c' 为局部破损区黏聚力,φ' 为局部破损区内摩擦角;k 为强度折减系数。

5.2.3 屈服准则的选取

屈服准则选取岩土体材料常用的 Mohr-Coulomb 屈服准则,其表达式如下:

$$F(\sigma) = 1/3 I_1 \sin \varphi - \cos \varphi + (\cos \theta_\sigma - 1/\sqrt{3} \sin \theta_\sigma \sin \varphi)\sqrt{J_2} \tag{5-2}$$

式中,I_1 为第一主应力不变量;J_2 为第二偏应力不变量;φ 为土体内摩擦角,θ_σ 为应力罗德角[133]。

I_1 可表示为:

$$I_1 = \sigma_x + \sigma_y + \sigma_z \tag{5-3}$$

或

$$I_1 = \sigma_1 + \sigma_2 + \sigma_3 \tag{5-4}$$

J_2可表示为：

$$J_2 = 1/3(I_1^2 + 3I_2) \tag{5-5}$$

其中

$$I_2 = -(\sigma_1\sigma_2 + \sigma_2\sigma_3 + \sigma_3\sigma_1) \tag{5-6}$$

5.2.4　边坡破损标准的选取

关于边坡破损区标准的判断,诸多学者进行过深入的研究。从不同角度分别给出了适应的破损区评判标准。考虑材料的非线性特征属性时,引入破坏接近度的概念。假设围岩破坏时遵循 Mohr-Coulomb 屈服准则,基于应力圆和屈服破坏包络线关系,引入破坏接近度指标 R 的概念[140],其具体定义如下：

$$R = \min(d_1/D_1, d_2/D_2) \tag{5-7}$$

式中,D_1、D_2、d_1 和 d_2 的意义如图 5-2 所示。

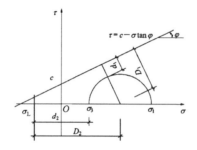

图 5-2　破坏接近度的莫尔圆示意图

在破坏接近度指标 R 的表达式中,d_2/D_2 是由所选材料的抗拉强度来决定,若是不这么考虑,则破坏接近度指标 R 将完全由莫尔圆的半径和圆心所在位置来决定。在这其中也暗含着两条假设:一是在该应力状态下,莫尔圆圆心所在位置是相对应的参考点处的最安全位置;二是该点的破坏方式是莫尔圆圆心所处位置不变,莫尔圆的半径不断均匀扩大,直至与屈服破坏包络线相切,达到临界破坏状态。对于第一条假定,圆心所处位置的横坐标为($\sigma_1 + \sigma_3$)/2。按该点处于常规三轴应力状态下的情况来考虑,这可以反映为该点的各向等压状态以及应力水平的大小。但是,若是考虑该点处于三向不等压状态的情况下,由于应力状态中存在中间主应力,这样的假定在一定程度上有失全面性。

由图 5-2 可以看出,若是一点以最不利的破坏方式去破坏,那将会是该点莫尔圆的圆心在向左移动的同时并将莫尔圆扩大。因此,对于第二个假定同样存在着一定的局限性。此外,当考虑一点应力状态的中间主应力效应时,这种方法一般是不能发挥有效作用的,同样也是一种局限性。

文献[141]则在文献[140]基础上,提出了屈服接近度(YAI,yield approach index)的概念,可广义地表述为:描述一点的现时状态与相对最安全状态的参量的比,YAI∈[0,1]。在 Mohr-Coulomb 破坏准则的基础上定义的屈服接近度的概念,适用于屈服函数在子午面上的投影屈服线是直线的情况。相对于某一强度理论则可以定义为:空间应力状态下的一点沿最不利应力路径到屈服面的距离与相应的最稳定参考点在相同罗德角方向上沿最不利应力路径到屈服面的距离之比。

如图 5-3 所示,屈服接近度 YAI 的概念可以表示为 d/D 的比值。当点 A 位于 C 点时,d/D 的比值为 0,即 YAI 值等于 0,表示该点处于一种最危险的状态;当点 A 位于 A_0 点时,d/D 的比值为 1,即 YAI 值等于 1,表示该点处于一种最安全的状态。需要说明的是,该方法只针对子午面上的屈服线是直线的情况,如果屈服函数在子午面上的投影屈服线是曲线的话,则 d/D 比值的三角关系近似成立。其实在实际工程中,某一点发生破坏时的应力路径是很复杂的,也是很难判断的,很难说它破坏时就一定会沿最不利的一条路径。但是,作为一种稳定性评价指标,关心它的最不利情况是很有必要的。

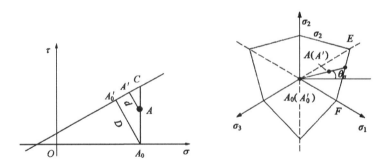

图 5-3　子午面和 π 平面上一点的应力状态

对于多数屈服函数表达面是曲面、屈服函数在子午面上的投影屈服线是曲线的情况,文献[142]将屈服接近度的定义进行了重新改进。在空间应力状态下,改进后的一点的屈服接近度表达为:沿 π 平面坐标原点与应力点的连线方向,该点到屈服边界线的距离与 π 平面坐标原点到屈服边界线的距离之比。

如图 5-4 所示,屈服接近度可以表达为:

$$YAI = PQ/O'Q \qquad (5\text{-}8)$$

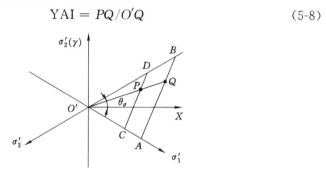

图 5-4　屈服接近度 π 平面示意图

在主应力空间中的 P 点,是由受力单元中存在的 3 个主应力值确定,同样在 π 平面的坐标值也是可以通过这 3 个主应力推算得到。σ_1、σ_2、σ_3 分别为 P 点上对应的 3 个主应力。对于 Mohr-Coulomb 破坏准则来说,应力空间中一点 P 的屈服接近度就可以表示为式(5-8)的形式。

对于破损区的划分,笔者选用屈服接近度(YAI)作为判断标准。基于最不利应力路径给出其相对于某一强度理论的定义,也可基于最有利计算应力路径给出其相对于某一强度理论的定义。两种屈服接近度的定义对于平直型屈服函数来说,计算方法是一样的。所以,对于 Mohr-Coulomb 屈服函数其 YAI 的计算公式均可表示为:

$$YAI = \left[1/3 I_1 \sin \varphi - \sqrt{J_2} (1/\sqrt{3} \sin \theta_\sigma \sin \varphi - \cos \theta_\sigma) - c \cos \varphi \right]$$
$$(1/3 I_1 \sin \varphi - c \cos \varphi) \qquad (5\text{-}9)$$

基于文献[143]的试验结果,当加载到峰值强度的 80% 时,岩土体材料会开始产生不同程度的裂隙,本书设定边坡中任一点状态处于 $YAI \in [0.2,1]$ 时为安全区,$YAI \in [0,0.2]$ 时为破损区。YAI 值最小为 0 时,表示坡体内该点达到屈服状态;YAI 值最大为 1 时,表示该点处于最稳定状态。

5.2.5　边坡渐进破坏具体模拟步骤

(1)根据边坡的相关材料参数及边界条件,建立相应的数值计算模型。

(2)令 $k=1$,先代入边坡的初始材料参数,根据式(5-9)计算边坡土体内部任一点的 YAI 值,并绘制等值线图,给出破损标准(YAI<0.2),将破损面积大于 50% 的单元定为破损单元,从而确定出破损区。如果没有出现破损

区,则加大折减系数 k 值,对整体边坡单元进行强度折减,再重新进行有限元计算,直到边坡出现初始局部破损区为止。

(3) 记初始破损区为 S_1,确定折减系数 k_1,然后按式(5-1)计算破损部位的材料参数,最后将新的材料参数按上一步的折减计算过程进行有限元计算,并判断新的破损区。

(4) 记第 1 次进行局部强度折减时得到的新破损区为 S_2,则第 i 次进行局部强度折减时得到的新破损区为 S_{i+1}(S_{i+1} 为最新破损区);将折减系数 k_1 赋予最新破损区 S_{i+1},k_2 赋予破损区 S_i,以此类推,直至将折减系数 k_i(k_1,k_2,$\cdots$,k_i 依次增大)赋予初始破损区 S_1,以此来保证折减区向非折减区力学参数的平滑过渡,避免由折减区和非折减区相接处土体力学参数的跳跃性而带来的与实际不符的塑性应变区。对于每一计算步 k 值的增量是通过试验法确定的。每一步 k 值增量的大小,都会直观反映在破损区的面积增加上。k 值的增量大时,下一步的破损区面积的增幅相对也会较大。但是,并不会对最终边坡发生贯通破坏时 k 值的确定产生较为明显的影响。所以,前期破损区计算时,可采用较大增量;后期破损区破坏较为敏感时,可采用更精细的增量来获得更精确的计算结果。

(5) 对不同阶段出现的破损区按不同的折减系数进行强度折减,并进行有限元计算。随着计算的进行,坡体局部破损区 k 值不断增大,其面积也不断向坡顶延伸扩展,边坡潜在滑裂面逐步显现,并最终形成一条完整塑性贯通区,完成边坡的渐进破坏模拟。

图 5-5 所示为局部强度阶梯折减示意图。

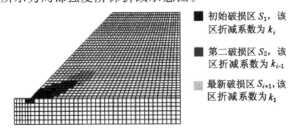

■ 初始破损区 S_1,该区折减系数为 k_i

■ 第二破损区 S_2,该区折减系数为 k_{i-1}

▨ 最新破损区 S_{i+1},该区折减系数为 k_1

图 5-5 局部强度阶梯折减示意图

5.3 强度折减法中的失稳判据

在边坡模型的强度折减模拟计算过程中,如何判断边坡失稳的时机是一项重要的内容,它影响着边坡强度折减系数的确定和边坡塑性区范围,因此,准确把握边坡的失稳判据将会对边坡的模拟计算结果的精度产生重要意义。

通常所用的边坡失稳判据有如下三种:

(1)以有限元计算数值程序迭代不收敛作为判断边坡发生失稳的标志[144-146],此处暂简称为判据Ⅰ。

(2)以边坡特征点位(如坡顶、坡体内部或检测点位移最大处等)的位移(包括水平位移、竖向位移或总位移)发生突变时,作为判断边坡发生失稳的标志[147-148],此处暂简称为判据Ⅱ。

(3)由有限元软件模拟计算所得的应力云图所判断,出现广义塑性应变或者等效塑性应变发生在从坡脚到坡顶的贯通区域,作为判断边坡发生失稳的标志[149-150],此处暂简称为判据Ⅲ。

5.3.1　以计算不收敛为失稳判据

边坡模拟计算的收敛性判据是:力或者位移在模型有限元计算过程中出现迭代不收敛的情况,以此作为边坡整体完成失稳破坏的依据。如图 5-6 所示[151],力和位移的平衡曲线都在随着迭代次数的增加而逐渐偏离标准收敛曲线,这就表明力和位移的平衡曲线在计算过程中不收敛,边坡已经达到失稳破坏的程度。边坡在实际发生失稳破坏时的直观表现是:边坡临空面土体滑离坡体和土基,在两者的相连接处产生较大的位移,形成可以观测出的断裂面。在数值模拟计算中表现为:用户在限定的模型和给定的计算收敛准则下算法不能完成收敛计算,即用户在软件程序中所设置的最大迭代次数不能满足在有限元计算过程中所需的迭代次数,或者用户设定的最大位移或不平衡力的残差值不能满足有限元计算所要求的收敛条件,软件程序将会停止计算。

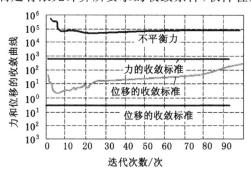

图 5-6　力和位移的不收敛示意图

不可否认,收敛准则在软件程序中设置的时候具有很大的人为任意性,而这也会对计算结果产生一定的影响。

5.3.2 以位移突变为失稳判据

位移突变判据的基本表述思想是:当边坡强度折减系数较小时,在边坡体内产生的位移也会较小;随着边坡强度折减系数的增大,边坡体内产生的位移也会逐渐增大;当边坡强度折减系数达到一个极限特定值时,边坡体内位移会突然增大,从而会产生位移突变的现象。此时,认为边坡达到了极限承载力,处于临界破坏状态。但是,对于该判据仍存在两个问题未能得到很好的解决:① 边坡特殊点、监测点选取和产生位移的方式;② 关于绘制的位移与折减系数关系曲线,如何准确地在该曲线上找到曲线拐点所对应的边坡强度折减系数。如图 5-7 所示,宋二祥[147]就是采用坡顶位移和折减系数关系曲线的最大值部分(即上部的水平段)作为边坡发生失稳破坏的判据。

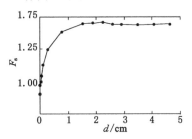

图 5-7 坡顶位移和折减系数关系曲线

5.3.3 以塑性贯通区为失稳判据

在不断折减边坡土体参数的过程中,边坡体内的塑性区逐渐从坡脚向坡顶延伸和发展,当塑性区贯通于整个坡体时,认为边坡发生失稳破坏,如图5-8所示。此时,取边坡发生贯通之前一次使用的折减系数为边坡安全系数。

陈远川[152]在边坡的模型试验中,发现边坡在发生破坏时,会有较为明显的剪切带从坡底向上发展,直至形成连续贯通的剪切带,这一试验结果与数值模拟计算所得的结果是一致的。连镇营等[149]通过弹塑性有限元强度折减计算分析结果,绘制出边坡体内广义剪切应变的分布图,并认为若边坡体内存在某一广义剪切应变的区域发生贯通,则可以认定此时的边坡已经发生失稳破坏,并且将此前一步的强度折减系数看作边坡的安全系数。这种方法虽然物

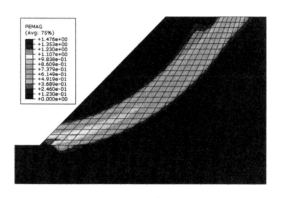

图 5-8　边坡塑性贯通区

理意义比较直观明确,但是广义剪切应变的含义并不唯一,不仅包含塑性成分,还包括弹性成分。在一定程度上,广义剪切应变的大小可以体现边坡土体的剪切失稳破坏状态,但是并不能充分准确地描述边坡体内塑性区的开始和延伸过程。因此,采用广义剪应变来判断边坡塑性区的存在,并以此贯通区作为判断边坡失稳判据,其实是不太准确和合理的。奕茂田等[153]把边坡塑性应变值作为评判边坡是否发生失稳的指标,根据塑性区的存在范围及其连通状态,确定边坡潜在的滑裂带及其相应的边坡安全系数。

5.4　局部阶梯折减法边坡稳定性分析

本算例采用的是 Dawson 等[154]分析的一个均质土坡。该算例已经被国内外诸多学者用很多方法(如 FLAC 等)进行了验证性分析[77],因此,该算例计算结果可以验证本方法在 ABAQUS 中应用的合理性和可行性。

边坡几何尺寸如图 5-9 所示,坡高 $H=10.0$ m,坡角 $\beta=45°$,土体容重 $\gamma=20$ kN/m³,弹性模量 $E=100$ MPa,泊松比 $\nu=0.35$,黏聚力 $c=15.48$ kPa,内摩擦角 $\varphi=24.46°$。土体材料符合 Mohr-Coulomb 屈服准则并采用非关联流动法则。边坡应力场为自重应力场。边界条件限制边坡左右两侧的水平位移及底边的水平和竖向两个方向位移。

5.4.1　边坡渐进破坏过程模拟结果分析

在 $k=1$ 的情况下,代入边坡的相关参数,对图 5-9 所示模型进行弹塑性力学平衡,计算坡体单元的 YAI 值,并绘制出 YAI 等值线图,得到边坡的初

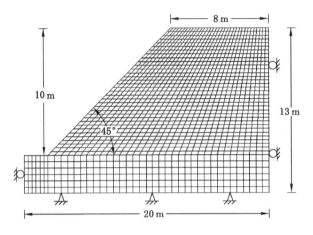

图 5-9　边坡模型示意图

始局部破损区,如图 5-10 所示,可以看到,坡脚位置及坡体内部中间部位 YAI∈[0.2, 1],即首先达到了破损标准。坡脚位置首先出现破损区是符合我们对边坡破坏的常规认识的。对于坡体内部中间部位出现的破损区,本书以为这是由于坡体内部土体受重力较大,加之边坡临空面的自由度在水平方向不受限制,导致该部分土体的水平变形不能受到有效约束,使其处于单向受压状态,故该部分土体的 YAI 值会相对较小。但其四周土体的 YAI 值较大,会对其提供一定的安全保障,故该部分土体相对安全。文献[155]利用可靠度分析方法也确定了边坡最危险的土条位于坡体内部中上部位,因此坡体内部的破损区不应该被忽视。而坡脚水平线以下土体由于受到两侧及底部位移的约束,其在重力作用下相当于处于三向受压状态,故其即便受重力较大也能处于一种较安全状态,YAI 值也较上部土体大。文献[150]也指出,在应用其他软件模拟计算时,也会得到坡体内部存在成片塑性区的结果。

　　图 5-11 所示为不同折减系数下边坡土体各单元 YAI 值的变化过程,同时也详尽地展示了坡体的整个渐进失稳过程。初始破损区 k 值在 1.0 到 1.2 之间变化时,坡脚破损区的发展较为缓慢;在 k 值达到 1.23 以后,破损区由坡脚延伸到了坡体中部,并且对坡体中部破损区有继续冲破的趋势。最终,在 k 值达到 1.28 时,破损区由坡脚到达了坡顶,形成了贯通区,边坡体也随之达到临界失稳状态。此时,坡脚初始破损区的 k 值为 1.28,与原模型的标准折减系数 1.25 相近,表明该方法在 ABAQUS 中的模拟运用正确合理。该系数略大于原模型的标准折减系数也与文献[156]中局部强度折减法安全系数略大于整体强度折减法安全系数的结果相吻合。

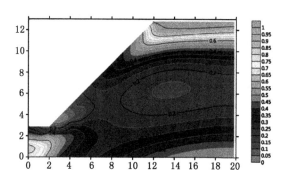

图 5-10　边坡初始 YAI 分布图

图 5-11(c)~(f)中,在坡体中部出现了比坡脚处的 YAI 值还要小的破损区域,该区域的形成是由于坡脚破损区向上延伸到了坡体内部受重力较大的区域,致使该部位水平方向的限制效果进一步减弱,从而造成其危险程度加大、YAI 值减小的结果。

5.4.2　坡体内部破损区面积分析

图 5-12 是折减计算过程中坡脚和坡体内部破损区面积变化曲线图,表现了坡脚破损区和坡体内部破损区的发展过程。在折减过程中,局部阶梯折减法得到的最终坡体内部破损区面积是 53.55 m²,仅较最初破损区面积增加 26%。而利用整体强度折减法获得的坡体内部破损区则呈现明显的持续扩张趋势,计算完成时的破损区面积是初始计算时破损区面积的 3 倍。这表明在折减计算过程中,局部强度阶梯折减法获得的坡体内部破损区面积较为稳定,能有效控制坡体内部破损区的大面积开展,能真实地展现边坡的破坏过程。大量试验及模拟结果表明,土体渐进破坏也是应变局部化的一个过程。坡脚处的破损区一开始发展较为平缓,在 k 值达到 1.23 后,有一个明显加速破坏的过程。结合图 5-11(c),在 k=1.23 时,正是坡脚破损区开始“侵入”坡体内部破损区的时候,所以本书认为坡脚和坡体内部破损区的交汇是导致边坡后期加速破坏的原因。在工程中,应重视内部破损区范围的预测研究。

5.4.3　潜在滑裂带上折减区边缘塑性应变差值分析

对于局部破损区采用统一折减系数的方法,如动态强度折减法,在折减区与非折减区的接触部位会出现较大的塑性应变差值,如图 5-13 所示,这也会

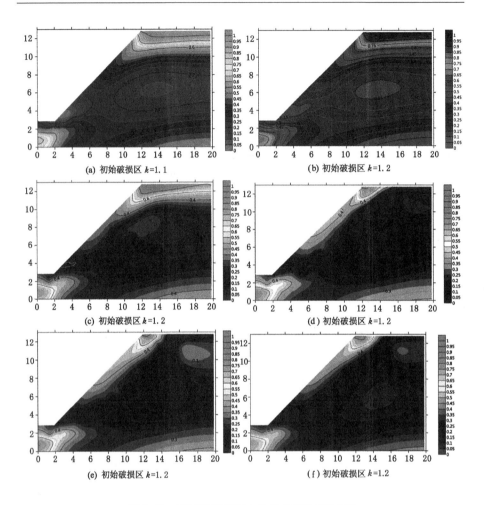

(a) 初始破损区 $k=1.1$ (b) 初始破损区 $k=1.2$

(c) 初始破损区 $k=1.2$ (d) 初始破损区 $k=1.2$

(e) 初始破损区 $k=1.2$ (f) 初始破损区 $k=1.2$

图 5-11　折减计算过程中边坡 YAI 渐变过程

使得坡体塑性区有较大的跳跃性,不符合边坡渐进破坏的概念。此外,当破损区面积较大时,其折减系数也会较大,导致折减区和非折减区的土体强度参数差异较大,不符合真实的边坡强度参数分布。本书采用了局部阶梯折减的方法,使强度参数变化由折减区到非折减区有一个过渡的过程,大大减小了折减区和非折减区接触部位的塑性应变差值。计算结果显示,使用局部强度阶梯折减法平均降低了接触部位 40% 的塑性应变差值,克服了潜在滑裂面上塑性应变值的跳跃性,更真实地体现了坡体的渐进失稳过程。

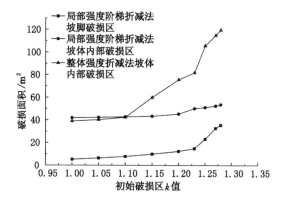

图 5-12　折减计算过程中坡脚和坡体内部破损区面积变化

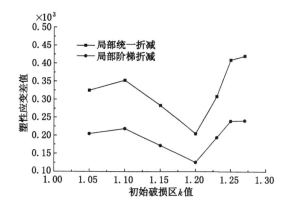

图 5-13　不同折减方式中折减边界的塑性应变差值

5.5　梯度塑性理论边坡稳定性分析

边坡的几何模型如图 5-14 所示。坡高 10 m,坡角 45°,坡顶 4 m 范围内设置位移控制边界,土体弹性模量 10 MPa,泊松比 0.4,有效密度 1 500 kg/m³,与黏聚力相关的参数 d 取 40 kPa,坡底水平和竖向位移约束,左侧水平位移约束。计算第一步施加重力荷载,将应力场引入第二个荷载步,并在坡顶施加 0.12 m 的竖向均布位移。材料内部特征长度取 0.1 m,进行不同网格划分情况的边坡稳定性分析。

为了验证梯度塑性理论有限元程序的正确性,将计算结果与通用软件 ABAQUS 的计算结果比较。当与内摩擦角有关的参数 β 为 45°,弹性模量为

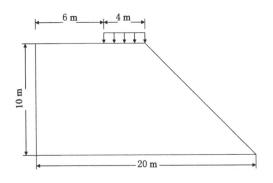

图 5-14　边坡几何模型

100 MPa 时,计算的等效塑性应变云图结果如图 5-15 所示,可见与使用相同参数 ABAQUS 的计算结果相比较,土坡的破坏形式相近,说明梯度塑性有限元计算的正确性。

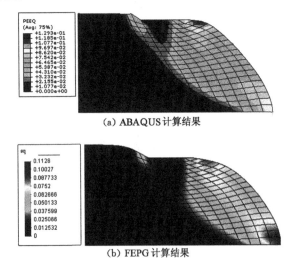

图 5-15　等效塑性应变计算结果对比

　　当与内摩擦角有关的参数 β 为 10°,弹性模量为 10 MPa 时,ABAQUS 计算的结果如图 5-16 所示,边坡形成了贯通坡脚的宏观剪切带。

　　下面使用自编梯度理论有限元程序计算,首先只考虑内部特征参数为0.1 m,与内摩擦角有关的参数 β 为 10°,阻尼系数分别取 10.5、2.0,划分 400 个 4 节点单元。施加重力后的竖向应力场和压缩后的等效塑性应变云图如

图 5-17 所示,与 ABAQUS 计算结果基本一致。

图 5-16　ABAQUS 计算等效塑性应变结果

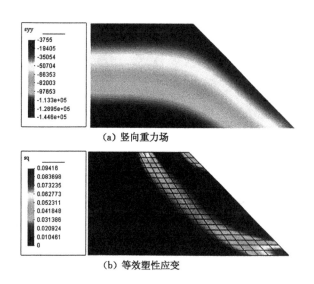

(a) 竖向重力场

(b) 等效塑性应变

图 5-17　应力和应变云图

　　同样计算条件,不同网格划分情况下的重力场和塑性乘子云图如图 5-18 所示。

　　考虑软化模量为 $-30\ \text{kPa}$,材料内部特征长度取 $0.1\ \text{m}$,与内摩擦角有关的参数 β 为 $10°$,d 为 $40\ \text{kPa}$ 情况,阻尼系数分别取 10.5、2.0,不同网格划分的塑性乘子和等效塑性应变云图如图 5-19 所示。

　　考虑软化模量为 $-30\ \text{kPa}$,网格划分为 $20\times20=400$(个)单元,阻尼系数分别取 10.5、2.0,与内摩擦角有关的参数 β 为 $10°$,d 为 $40\ \text{kPa}$,当材料内部特征长度取 $0.1\ \text{m}$、$10.0\ \text{m}$ 情况,塑性乘子和等效塑性应变云图如图 5-20 所示,内部特征长度增大,即一点的破坏受到邻域影响范围变大,剪切带宽度稍有增加,变形破坏的形式即剪切带的位置不变。

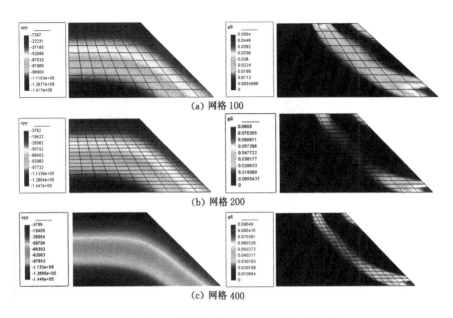

(a) 网格 100

(b) 网格 200

(c) 网格 400

图 5-18　不同网格的重力场和塑性乘子云图

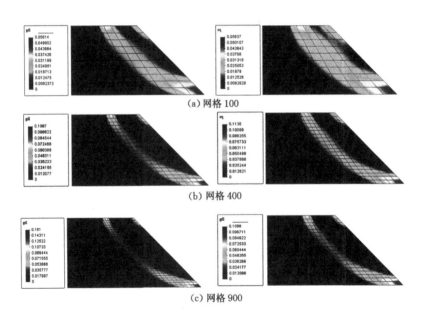

(a) 网格 100

(b) 网格 400

(c) 网格 900

图 5-19　不同网格的塑性乘子和等效塑性应变云图

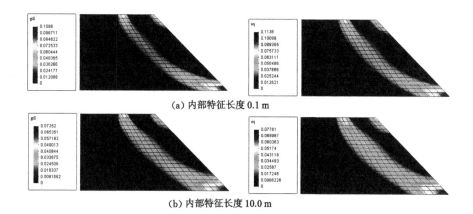

(a) 内部特征长度 0.1 m

(b) 内部特征长度 10.0 m

图 5-20　不同网格的塑性乘子和等效塑性应变云图

考虑不同软化模量的影响,网格划分为 $10 \times 10 = 100$ (个)单元,阻尼系数分别取 10.5、2.0,与内摩擦角有关的参数 β 为 $10°$,d 为 40 kPa,材料内部特征长度取 0.1 m。坡顶位移边界部位在不同软化模量情况的竖向应力随加载过程曲线如图 5-21 所示。

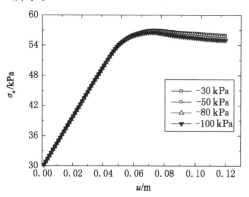

图 5-21　坡顶荷载位移曲线

软化模量为 -80 kPa,阻尼系数分别取 10.5、2.0,与内摩擦角有关的参数 β 为 $10°$,d 为 40 kPa,材料内部特征长度取 0.1 m 情况,当网格划分 100、400、900 个单元时,等效塑性应变云图如图 5-22 所示,剪切带的宽度趋于稳定。

通过上述计算表明,算例边坡的破坏形式和应变结果与通用软件 ABAQUS 计算结果一致,基于 FEPG 平台的梯度塑性理论程序能够用于计算边坡稳定性问题,且能反映软化和梯度塑性的影响。

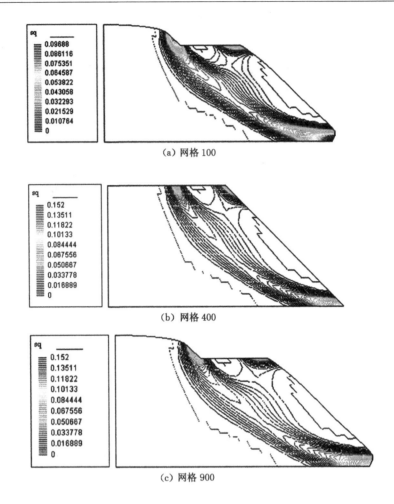

(a) 网格 100

(b) 网格 400

(c) 网格 900

图 5-22　等效塑性应变等值线云图

5.6　本章小结

（1）使用梯度塑性有限元程序进行土坡稳定性分析，与通用软件 ABAQUS 计算结果进行对比，相同的计算条件，边坡的破坏形式和应变结果基本一致，且能反映软化和梯度塑性的影响。

（2）基于边坡破坏过程的渐进性，提出了边坡模拟的局部强度阶梯折减的方法。选用屈服接近度，以 YAI 小于 0.2 为边坡发生破坏的判断标准。该方法可以有效地控制坡体内部破损区的大面积开展,对边坡的渐进破坏模拟更符合真实的边坡失稳过程,坡体内部的破损区是造成边坡后期加速破坏的主要因素,因此在实际工程应用分析中不能忽略坡体内部破损区的存在。

（3）对局部强度进行阶梯折减计算可以保证边坡破坏过程的渐进性,平均降低折减区和非折减区接触部位 40％的塑性应变差值,有效地解决了局部强度统一折减方法中潜在滑裂面上的塑性应变值的跳跃性问题,使塑性区变化保持连续性,真实地模拟了边坡的破坏过程。

第6章 总 结

 土体的渐进破坏是一个变形过程,经历均匀变形、变形集中和形成宏观剪切带三个阶段。宏观剪切带是岩土体破坏的表现,常引起滑坡等地质灾害。深入研究土体的渐进破坏过程,在理论研究和工程应用中具有重要意义。本书对土体的渐进破坏过程进行了研究,在试验和数值计算中再现剪切带,研究了剪切带产生条件、发展机理和影响因素,并对应变软化和网格依赖性问题进行了研究。

 (1) 土体渐进破坏模式和破坏过程的试验研究

 将数字图像技术引入 GDS 多功能静三轴试验系统,改进后的试验仪器不但能够通过 GDS 试验系统进行应力路径试验并获得整体应力应变关系,还能通过数字图像系统得到试样局部应力应变关系和每个时刻的表面应变场,用于研究土体渐进破坏的破坏模式和破坏过程。

 三轴压缩条件下试样的破坏模式表现为均匀鼓胀、单一剪切带和交叉剪切带三种形式,三轴拉伸条件下试样的破坏模式表现为均匀颈缩和单一剪切带形式。试样破坏过程和形式与应力路径密切相关。三轴压缩条件下,对于轴向应力增加的路径,试样最终破坏的宏观剪切带以单一剪切带为主;轴向应力为常数、径向应力减小的应力,试样的最终破坏形式是鼓胀形式;有效轴向应力和径向应力都减小的路径,剪切带有交叉和单一两种形式。

 将试样分为上、下端部和试样中部三部分,根据试验得到的整体和局部应力应变关系,分离并量化端部约束的影响,端部约束对径向应变的影响导致常规三轴试验得到的整体径向应变过小。进行初始缺陷对剪切带影响的试验研究,在砂土中放置黏土块,这种人工初始缺陷诱发了通过缺陷位置的剪切带。宏观剪切带的形成源于土的不均匀性,端部摩擦效应与初始缺陷都能引起试样的不均匀变形,是剪切带产生的外部条件与内部因素。基于不同应力路径条件试样的破坏过程,提出剪切带的发展机制,剪切带在应力应变关系峰值之前开始发展,宏观稳定是在峰值之后,初始产生不均匀变形和形成宏观连续剪切带的过程是试样内部不同方向剪切带之间的竞争过程。

（2）剪切带形成过程和影响因素的数值研究

从数值计算角度研究土体渐进破坏过程，重点研究剪切带的形成过程和影响因素。平面应变条件下研究排水条件、端部约束、初始缺陷和计算条件对剪切带的影响。剪切带的产生与排水特性无关，数值计算中剪切带产生的难易与排水条件有关。试样端部摩擦约束与初始缺陷引起试样的不均匀受力，进而产生不均受变形，是剪切带产生的外部条件与内部因素。进行了部分摩擦和完全摩擦、指定位置缺陷和随机缺陷的计算，其中指定位置缺陷使用了修正剑桥模型中的屈服函数、压缩系数、回弹系数等设置方式。计算表明不排水条件试样内部孔隙率重新调整，剪切带区域孔隙率增加，有效应力降低，故变形增大。剪切带的发展表现出试样内部不同方向剪切带的竞争过程，与试验分析一致。

数值计算中剪切带形式有单一剪切带、交叉剪切带和多段剪切带，单一和交叉剪切带在试验中能够观察到。剪切带形式的对称性与试样受力的整体对称性一致。尽管施加整体对称的端部约束或者初始缺陷，相对于某个单元来说，受力都是非对称的。端部约束和初始缺陷都能够诱发这种非对称的变形，进而形成剪切带。端部约束和初始缺陷共同作用时，端部约束和缺陷单元的相对强弱程度是最终剪切带形式的控制因素。

剪切带形成的物理机制是不均匀受力或缺陷单元引起土体的不均匀变形，使得某一剪切面上的单元首先达到抗剪强度，变形稍有增加，其他单元的应变能迅速释放，这种冲击作用导致该截面上单元的荷载降低的同时变形迅速增大，产生连续宏观的剪切带。此时，非剪切带单元处于卸载状态，变形部分恢复。

（3）应变软化和网格依赖性问题研究

基于有限元自动生成系统，开发梯度塑性理论有限元程序，用于解决应变软化问题和网格依赖性问题。推导弱形式表达的弹塑性算法，引入阻尼因子，强制保持控制方程的正定性，用于求解应变软化问题。将弱形式表达的位移方程和屈服函数方程联立，提出了带有阻尼因子的 u-λ 算法，即将位移和塑性乘子作为变量同时求解位移方程和屈服面方程。

在 D-P 准则中引入软化模量和材料内部特征长度，使本构模型能够考虑应变软化和梯度效应，从改进本构模型方面进行网格依赖性问题研究。基于带阻尼因子的 u-λ 算法，推导以偏微分方程弱形式表达的梯度塑性理论公式，进而编制梯度塑性有限元程序。进行了平面应变试验算例分析，结果表明带阻尼因子的 u-λ 算法能够计算软化问题，以有限元弱形式表达的梯度塑性理论,使用一阶单元就能够得到合理的结果,在一定网格范围能够得到稳定的应力应变曲线,可以基本解决网格依赖性问题。

（4）渐进破坏思想的边坡稳定性问题应用

基于土体渐进破坏的思想,进行了边坡稳定性问题分析。首先,局部强度阶梯折减法是对传统强度折减法的继承和发展,从折减系数的阶梯折减上就能体现渐进性思想,更能真实地模拟边坡的失稳破坏,提供了一种材料强度阶梯式折减的思想。其次,使用自编梯度塑性理论有限元进行了边坡稳定性的分析,并与通用软件计算结果进行了比较,边坡的破坏形式和应变结果基本一致,且能反映软化和梯度塑性的影响。

参 考 文 献

[1] 国土资源部抗震救灾前线指挥部.四川省"5·12"地震灾区地质灾害应急排查总结报告[R].2008-06-15.

[2] 黄润秋.汶川地震地质灾害后效应分析[J].工程地质学报,2011,19(2):145-151.

[3] TERZAGHI K. Stability of slopes of natural clay[C]//Proceeding 1st International Conferrnce Soil Mechanics and Fundation Engineering, Harvard,1936,1:161-165.

[4] 王庚荪.边坡的渐进破坏及稳定性分析[J].岩石力学与工程学报,2000,19(1):29-33.

[5] TOKUE T,SHIGEMURA S. Types of progressive failures by external force condition and their failure mechanism[C]//GeoShanghai International Conference 2006,June 6-8,2006,Shanghai,China. Reston,VA, USA:American Society of Civil Engineers,2006:98-104.

[6] 沈珠江.理论土力学[M].北京:中国水利水电出版社,2000.

[7] 谭文辉,王家臣,周汝弟.岩体边坡渐进破坏的物理模拟和数值模拟研究[J].中国矿业,2000,9(5):56-58.

[8] HOYOS L R,PEREZ-RUIZ D D,PUPPALA A J. A refined true triaxial cell for modeling unsaturated soil response under suction controlled stress paths[C]//GeoFlorida 2010,February 20-24,2010,Orlando,Florida,USA. Reston,VA,USA:American Society of Civil Engineers,2010:381-389.

[9] 张启辉,赵锡宏.粘性土局部化剪切带变形的机理研究[J].岩土力学,2002,23(1):31-35.

[10] WANATOWSKI D, CHU J. Stress-strain behavior of a granular fill measured by a new plane strain apparatus[J]. Geotechnical testing journal,2006,29(2):149-157.

[11] LADE P V. Instability, shear banding, and failure in granular materials[J]. International journal of solids and structures, 2002, 39(13): 3337-3357.

[12] CHU J, LEONG W K. Pre-failure strain softening and pre-failure instability of sand: a comparative study[J]. Geotechnique, 2001, 51(4): 311-321.

[13] COMEGNA L, PICARELLI L. Anisotropy of a shear zone[J]. Geotechnique, 2008, 58(9): 737-742.

[14] CHU J, LO S C R, LEE I K. Strain softening and shear band formation of sand in multi-axial testing[J]. Geotechnique, 1996, 46(1): 63-82.

[15] WANG Q, LADE P V. Shear banding in true triaxial tests and its effect on failure in sand[J]. Journal of engineering mechanics, 2001, 127(8): 754-761.

[16] SUN D A, HUANG W X, YAO Y P. An experimental study of failure and softening in sand under three-dimensional stress condition[J]. Granular matter, 2008, 10(3): 187-195.

[17] 张鲁渝, 孙树国, 郑颖人. 霍尔效应传感器在土工试验中的应用[J]. 岩土工程学报, 2004, 26(5): 706-708.

[18] ROWE P W. The stress-dilatancy relation for static equilibrium of an assembly of particles in contact[J]. Proceedings of the royal society of london series A: mathematical and physical sciences, 1962, 269(1339): 500-527.

[19] 蒋明镜, 沈珠江. 结构性粘土剪切带的微观分析[J]. 岩土工程学报, 1998, 20(2): 102-108.

[20] ODA M, KAZAMA H, KONISHI J. Effects of induced anisotropy on the development of shear bands in granular materials[J]. Mechanics of materials, 1998, 28(1-4): 103-111.

[21] CUNDALL P A, STRACK O D L. A discrete numerical model for granular assemblies[J]. Geotechnique, 1979, 29(1): 47-65.

[22] 孙其诚, 程晓辉, 季顺迎, 等. 岩土类颗粒物质宏-细观力学研究进展[J]. 力学进展, 2011, 41(3): 351-371.

[23] RECHENMACHER A L. Grain-scale processes governing shear band initiation and evolution in sands[J]. Journal of the mechanics and phys-

ics of solids,2006,54(1):22-45.

[24] LABUZ J F,RIEDEL J J,DAI S T. Shear fracture in sandstone under plane-strain compression[J]. Engineering fracture mechanics,2006,73 (6):820-828.

[25] RIEDEL J J,LABUZ J F. Propagation of a shear band in sandstone[J]. International journal for numerical and analytical methods in geomechanics,2007,31(11):1281-1299.

[26] LIN H,PENUMADU D. Strain localization in combined axial-torsional testing on Kaolin clay[J]. Journal of engineering mechanics,2006,132 (5):555-564.

[27] NEMAT-NASSER S,OKADA N. Radiographic and microscopic observation of shear bands in granular materials[J]. Geotechnique,2001,51 (9):753-765.

[28] 邵龙潭,王助贫,韩国城,等.三轴试验土样径向变形的计算机图像测量 [J].岩土工程学报,2001,23(3):337-341.

[29] 邵龙潭,孙益振,王助贫,等.数字图像测量技术在土工三轴试验中的应 用研究[J].岩土力学,2006,27(1):29-34.

[30] ALSHIBLI K A,BATISTE S N,STURE S. Strain localization in sand: plane strain versus triaxial compression[J]. Journal of geotechnical and geoenvironmental engineering,2003,129(6):483-494.

[31] OTANI J,KIKUCHI Y,MUKUNOKI T. Investigation of progressive failure in composite soils using an X-ray CT scanner[C]//First Japan-U. S. Workshop on Testing, Modeling, and Simulation, June 27-29, 2003,Boston,Massachusetts,USA. Reston,VA,USA:American Society of Civil Engineers,2003:642-652.

[32] DESRUES J,CHAMBON R,MOKNI M,et al. Void ratio evolution inside shear bands in triaxial sand specimens studied by computed tomography[J]. Geotechnique,1996,46(3):529-546.

[33] 牟太平,张嘎,张建民.土坡破坏过程的离心模型试验研究[J].清华大学 学报(自然科学版),2006,46(9):1522-1525.

[34] PETH S,NELLESEN J,FISCHER G,et al. Non-invasive 3D analysis of local soil deformation under mechanical and hydraulic stresses by μCT and digital image correlation[J]. Soil and tillage research,2010,

111(1):3-18.

[35] 李元海.数字照相量测技术及其在岩土工程实验中的应用[M].徐州:中国矿业大学出版社,2009.

[36] 刘爱华,王思敬.平面坡体渐进破坏模型及其应用[J].工程地质学报,1994,2(1):1-8.

[37] 周成,蔡正银,谢和平.天然裂隙土坡渐进变形解析[J].岩土工程学报,2006,28(2):174-178.

[38] 杨庆,季大雪,栾茂田.土工格栅加筋边坡渐进破坏可靠性分析[J].大连理工大学学报,2005,45(1):85-89.

[39] STARK T D,EID H T,EVANS W D,et al. Municipal solid waste slope failure. Ⅱ:stability analyses[J]. Journal of geotechnical and geoenvironmental engineering,2000,126(5):408-419.

[40] FILZ G M,ESTERHUIZEN J J B,DUNCAN J M. Progressive failure of lined waste impoundments[J]. Journal of geotechnical and geoenvironmental engineering,2001,127(10):841-848.

[41] 吉锋,刘汉超.渐进性破坏随机法在边坡稳定性分析中的应用[J].水文地质工程地质,2004,31(3):62-65.

[42] 周前祥.边坡二维渐进破坏的随机模糊可靠性[J].中国矿业大学学报,1996,25(2):105-111.

[43] LI M. Continuing equilibrium assumption over-restricts bifurcation condition in the classical localization theory[J]. International journal of plasticity,2004,20(11):2047-2061.

[44] PIETRUSZCZAK S,NIU X. On the description of localized deformation[J]. International journal for numerical and analytical methods in geomechanics,1993,17(11):791-805.

[45] BAZANT Z P,LIN F B. Non-local yield limit degradation[J]. International journal for numerical methods in engineering, 1988, 26 (8): 1805-1823.

[46] DE BORST R. Simulation of strain localization:a reappraisal of the cosserat continuum[J]. Engineering computations,1991,8(4):317-332.

[47] LASRY D,BELYTSCHKO T. Localization limiters in transient problems[J]. International journal of solids and structures,1988,24(6):581-597.

[48] HILL R. A general theory of uniqueness and stability in elastic-plastic solids[J]. Journal of the mechanics and physics of solids,1958,6(3):236-249.

[49] MANDEL J. Conditions de Stabilite et Postulat de Drucker[M]//Rheology and Soil Mechanics/Rheologie et Mecanique des Sols. Berlin, Heidelberg:Springer Berlin Heidelberg,1966:58-68.

[50] NOVA R. Engineering approach to shear band formation in geological media[J]. International journal of rock mechanics and mining sciences and geomechanics abstracts,1987,24(2):52.

[51] 钱建固,黄茂松.轴对称状态下土体剪切带触发形成的分叉理论[J].岩土工程学报,2003,25(4):400-404.

[52] 钱建固,黄茂松.复杂应力状态下岩土体的非共轴塑性流动理论[J].岩石力学与工程学报,2006,25(6):1259-1264.

[53] 钱建固,黄茂松.土体变形分叉的非共轴理论[J].岩土工程学报,2004,26(6):777-781.

[54] 钱建固,黄茂松.土体应变局部化现象的理论解析[J].岩土力学,2005,26(3):432-436.

[55] 钱建固,黄茂松,杨峻.真三维应力状态下土体应变局部化的非共轴理论[J].岩土工程学报,2006,28(4):510-515.

[56] BORJA R I,AYDIN A. Computational modeling of deformation bands in granular media. I. Geological and mathematical framework[J]. Computer methods in applied mechanics and engineering,2004,193(27-29):2667-2698.

[57] 刘金龙,汪卫明,陈胜宏.边坡稳定分析中应变局部化的简化计算[J].岩土力学,2005,26(5):799-802.

[58] MUHLHAUS H B,VARDOULAKIS I. The thickness of shear bands in granular materials[J]. Geotechnique,1987,37(3):271-283.

[59] TEJCHMAN J,BAUER E. Numerical simulation of shear band formation with a polar hypoplastic constitutive model[J]. Computers and geotechnics,1996,19(3):221-244.

[60] 李锡夔,唐洪祥.压力相关弹塑性 Cosserat 连续体模型与应变局部化有限元模拟[J].岩石力学与工程学报,2005,24(9):1497-1505.

[61] LI X K,TANG H X. A consistent return mapping algorithm for pres-

sure-dependent elastoplastic Cosserat continua and modelling of strain localisation[J]. Computers and structures,2005,83(1):1-10.

[62] MINDLIN R D. Micro-structure in linear elasticity[J]. Archive for rational mechanics and analysis,1964,16(1):51-78.

[63] FLECK N A, HUTCHINSON J W. A phenomenological theory for strain gradient effects in plasticity[J]. Journal of the mechanics and physics of solids,1993,41(12):1825-1857.

[64] FLECK N A,HUTCHINSON J W. Strain gradient plasticity[M]//Advances in Applied Mechanics. Amsterdam:Elsevier,1997:295-361.

[65] FLECK N A,MULLER G M,ASHBY M F,et al. Strain gradient plasticity:theory and experiment[J]. Acta metallurgica et materialia,1994, 42(2):475-487.

[66] STOLKEN J S,EVANS A G. A microbend test method for measuring the plasticity length scale[J]. Acta materialia,1998,46(14):5109-5115.

[67] ABU AL-RUB R K,VOYIADJIS G Z. Analytical and experimental determination of the material intrinsic length scale of strain gradient plasticity theory from micro- and nano-indentation experiments[J]. International journal of plasticity,2004,20(6):1139-1182.

[68] 甄文战.岩土材料变形局部化问题理论及数值分析研究[D].上海:上海大学,2010.

[69] 黄茂松,钱建固,吴世明.饱和土体应变局部化的复合体理论[J].岩土工程学报,2002,24(1):21-25.

[70] 黄茂松,钱建固.平面应变条件下饱和土体分叉后的力学性状[J].工程力学,2005,22(1):48-53.

[71] HAZARIKA H,TERADO Y,NASUTAKE O. A new method for progressive failure analysis of granular material considering the inception of shear band[C]//9th International Conference on Computer Methods and Advances in Geomechanics,Wuhan,1997:1847-1852.

[72] BAZANT Z P,PIJAUDIER-CABOT G. Nonlocal continuum damage, localization instability and convergence[J]. Journal of applied mechanics,1988,55(2):287-293.

[73] AIFANTIS E C. On the microstructural origin of certain inelastic models[J]. Journal of engineering materials and technology,1984,106(4):

326-330.

[74] AIFANTIS E C. The physics of plastic deformation[J]. International journal of plasticity,1987,3(3):211-247.

[75] LASRY D,BELYTSCHKO T. Localization limiters in transient problems[J]. International journal of solids and structures,1988,24(6): 581-597.

[76] MUHLHAUS H B,ALFANTIS E C. A variational principle for gradient plasticity[J]. International journal of solids and structures,1991,28 (7):845-857.

[77] SLUYS L J,DE BORST R,MUHLHAUS H B. Wave propagation,localization and dispersion in a gradient-dependent medium[J]. International journal of solids and structures,1993,30(9):1153-1171.

[78] 宋二祥. 软化材料有限元分析的一种非局部方法[J]. 工程力学,1995,12 (4):93-102.

[79] DE BORST R,PAMIN J. Some novel developments in finite element procedures for gradient-dependent plasticity[J]. International journal for numerical methods in engineering,1996,39(14):2477-2505.

[80] KNOCKAERT R,DOGHRI I. Nonlocal constitutive models with gradients of internal variables derived from a micro/macro homogenization procedure[J]. Computer methods in applied mechanics and engineering,1999,174(1-2):121-136.

[81] ANDRIEUX S,JOUSSEMET M,LORENTZ E. A class of constitutive relations with internal variable derivatives. derivation from homogenization and initial value problem[J]. Journal de physique Ⅳ,1996,6(6): 463-472.

[82] 李锡夔,CESCOTTO S. 梯度塑性的有限元分析及应变局部化模拟[J]. 力学学报,1996,28(5):575-585.

[83] DE BORST R, WANG W M, GEERS M G D. Material instabilities and internal length scales[C]//Proceedings of the Fifth International Conference on Computational Plasticity CIMNE. Barcelona Spain:Pineridge Press, 1997:56-71.

[84] HATTAMLEH O,MUHUNTHAN B,ZBIB H M. Gradient plasticity modelling of strain localization in granular materials[J]. International

journal for numerical and analytical methods in geomechanics,2004,28 (6):465-481.

[85] MANZARI M T, REGUEIRO R A. Gradient plasticity modeling of geomaterials in a meshfree environment. Part Ⅰ:theory and variational formulation[J]. Mechanics research communications, 2005, 32 (5): 536-546.

[86] HASHIGUCHI K, TSUTSUMI S. Gradient plasticity with the tangential-subloading surface model and the prediction of shear-band thickness of granular materials[J]. International journal of plasticity,2007, 23(5):767-797.

[87] 朱以文,徐晗,蔡元奇,等.边坡稳定的剪切带计算[J].计算力学学报, 2007,24(4):441-446.

[88] CHEN S H,WANG T C. A new hardening law for strain gradient plasticity[J]. Acta materialia,2000,48(16):3997-4005.

[89] CHEN J Y,HUANG Y,HWANG K C,et al. Plane-stress deformation in strain gradient plasticity[J]. Journal of applied mechanics,2000,67 (1):105-111.

[90] MROGINSKI J L,ETSE G,VRECH S M. A thermodynamical gradient theory for deformation and strain localization of porous media[J]. International journal of plasticity,2011,27(4):620-634.

[91] MUGHRABI H. On the current understanding of strain gradient plasticity[J]. Materials science and engineering:A,2004,387-389:209-213.

[92] DE BORST R,MUHLHAUS H B. Gradient-dependent plasticity:formulation and algorithmic aspects[J]. International journal for numerical methods in engineering,1992,35(3):521-539.

[93] GUO R P,LI G X. Elasto-plastic constitutive model for geotechnical materials with strain-softening behaviour[J]. Computers and geosciences,2008,34(1):14-23.

[94] CONTE E,SILVESTRI F,TRONCONE A. Stability analysis of slopes in soils with strain-softening behaviour[J]. Computers and geotechnics,2010,37(5):710-722.

[95] TEJCHMAN J,HERLE I,WEHR J. FE-studies on the influence of initial void ratio,pressure level and mean grain diameter on shear localiza-

tion[J]. International journal for numerical and analytical methods in geomechanics,1999,23(15):2045-2074.

[96] ANDRADE J E,BORJA R I. Capturing strain localization in dense sands with random density[J]. International journal for numerical methods in engineering,2006,67(11):1531-1564.

[97] ANDRADE J E,BORJA R I. Modeling deformation banding in dense and loose fluid-saturated sands[J]. Finite elements in analysis and design,2007,43(5):361-383.

[98] ZIENKIEWICZ O C,HUANG M S,PASTOR M. Localization problems in plasticity using finite elements with adaptive remeshing[J]. International journal for numerical and analytical methods in geomechanics,1995,19(2):127-148.

[99] 费文平,张林,谢和平. p 型自适应有限单元法及其在岩土工程中的应用[J]. 岩土力学,2004,25(11):1727-1732.

[100] BABUSKA I,SZABO B A,KATZ I N. Thep-version of the finite element method[J]. SIAM journal on numerical analysis,1981,18(3):515-545.

[101] BABUSKA I,GRIEBEL M,PITKARANTA J. The problem of selecting the shape functions for a p-type finite element[J]. International journal for numerical methods in engineering,1989,28(8):1891-1908.

[102] RAHULKUMAR P,SAIGAL S,YUNUS S. SINGULAR p-VERSION finite elements for stress intensity factor computations[J]. International journal for numerical methods in engineering,1997,40(6):1091-1114.

[103] 陈胜宏,程昭. 水工结构分析的 p 型自适应有限单元法研究[J]. 水利学报,2001,32(11):62-69.

[104] BELYTSCHKO T,TABBARA M. H-Adaptive finite element methods for dynamic problems,with emphasis on localization[J]. International journal for numerical methods in engineering,1993,36(24):4245-4265.

[105] ZIENKIEWICZ O C,PASTOR M,HUANG M. Softening,localisation and adaptive remeshing. Capture of discontinuous solutions[J]. Computational mechanics,1995,17(1-2):98-106.

[106] 黄茂松,钱建固,吴世明. 土坝动力应变局部化与渐进破坏的自适应有

限元分析[J].岩土工程学报,2001,23(3):306-310.

[107] ASKES H,SLUYS L J. Remeshing strategies for adaptive ALE analysis of strain localisation[J]. European journal of mechanics A:solids, 2000,19(3):447-467.

[108] KHOEI A R,TABARRAIE A R,GHAREHBAGHI S A. H-adaptive mesh refinement for shear band localization in elasto-plasticity Cosserat continuum[J]. Communications in nonlinear science and numerical simulation,2005,10(3):253-286.

[109] BELYTSCHKO T,LU Y Y,GU L. Element-free Galerkin methods [J]. International journal for numerical methods in engineering,1994, 37(2):229-256.

[110] 张希.无网格局部彼得洛夫伽辽金法在大变形问题中的应用[D].北京: 清华大学,2006.

[111] 黄哲聪.杂交型无网格法研究与应用[D].武汉:中国科学院武汉岩土力 学研究所,2008.

[112] 王敏,王锡平,周慎杰.偶应力理论的无网格法[J].计算力学学报, 2008,25(4):464-468.

[113] BELYTSCHKO T,BLACK T. Elastic crack growth in finite elements with minimal remeshing[J]. International journal for numerical methods in engineering,1999,45(5):601-620.

[114] MOES N,DOLBOW J,BELYTSCHKO T. A finite element method for crack growth without remeshing[J]. International journal for numerical methods in engineering,1999,46(1):131-150.

[115] 李录贤,王铁军.扩展有限元法(XFEM)及其应用[J].力学进展,2005, 35(1):5-20.

[116] 金峰,方修君.扩展有限元法及与其它数值方法的联系[J].工程力学, 2008,25(S1):1-17.

[117] 方修君,金峰.基于ABAQUS平台的扩展有限元法[J].工程力学, 2007,24(7):6-10.

[118] 谢海,冯淼林.扩展有限元的ABAQUS用户子程序实现[J].上海交通 大学学报,2009,43(10):1644-1648.

[119] 董玉文,余天堂,任青文.直接计算应力强度因子的扩展有限元法[J]. 计算力学学报,2008,25(1):72-77.

［120］ OOI E T,RAJENDRAN S,YEO J H,et al. A mesh distortion tolerant 8-node solid element based on the partition of unity method with inter-element compatibility and completeness properties[J]. Finite elements in analysis and design,2007,43(10):771-787.

［121］ LIU F S,BORJA R I. Stabilized low-order finite elements for frictional contact with the extended finite element method[J]. Computer methods in applied mechanics and engineering,2010,199(37-40):2456-2471.

［122］ LIU F S, BORJA R I. Finite deformation formulation for embedded frictional crack with the extended finite element method[J]. International journal for numerical methods in engineering, 2010, 82 (6): 773-804.

［123］ REMMERS J J C,DE BORST R,NEEDLEMAN A. The simulation of dynamic crack propagation using the cohesive segments method[J]. Journal of the mechanics and physics of solids,2008,56(1):70-92.

［124］ FRIES T P,BELYTSCHKO T. The extended/generalized finite element method:an overview of the method and its applications[J]. International journal for numerical methods in engineering,2010,84(3): 253-304.

［125］ 王学滨,潘一山,盛谦,等.岩体假三轴压缩及变形局部化剪切带数值模拟[J].岩土力学,2001,22(3):323-326.

［126］ 王学滨,潘一山,宋维源.岩石试件尺寸效应的塑性剪切应变梯度模型[J].岩土工程学报,2001,23(6):711-713.

［127］ WANG J F,YAN H B. 3D DEM simulation of crushable granular soils under plane strain compression condition[J]. Procedia engineering, 2011,14:1713-1720.

［128］ POWRIE W,NI Q,HARKNESS R M,et al. Numerical modelling of plane strain tests on sands using a particulate approach[J]. Geotechnique,2005,55(4):297-306.

［129］ 周健,贾敏才.土工细观模型试验与数值模拟[M].北京:科学出版社,2008.

［130］ CASTELLI M,ALLODI A,SCAVIA C. A numerical method for the study of shear band propagation in soft rocks[J]. International journal for numerical and analytical methods in geomechanics,2009,33(13):

1561-1587.

[131] MARKETOS G,BOLTON M D. Compaction bands simulated in Discrete Element Models[J]. Journal of structural geology,2009,31(5): 479-490.

[132] 邵龙潭,董建军,刘永禄,等.基于亚像素角点检测的试样变形图像测量方法[J].岩土力学,2008,29(5):1329-1333.

[133] 郑颖人,孔亮.岩土塑性力学[M].北京:中国建筑工业出版社,2010.

[134] SAM H. Applied soil mechanics [M]. Hoboken:John Wiley and Sons,2007.

[135] BAŽANT Z P,BELYTSCHKO T B,CHANG T P. Continuum theory for strain-softening[J]. Journal of engineering mechanics,1984,110 (12):1666-1692.

[136] 沈珠江.应变软化材料变形计算中的若干问题[J].江苏力学,1982(1): 6-9.

[137] 殷有泉.非线性有限元基础[M].北京:北京大学出版社,2007.

[138] 姜丽萍,杜修力.基于经验遗传-单纯形算法和结构物理响应识别结构物理参数的方法[J].北京工业大学学报,2009,35(8):1054-1061.

[139] 杜修力,王智慧,李立云,等.土钉结构稳定验算的经验遗传-单纯形算法[J].岩土工程学报,2007,29(4):598-602.

[140] 杜丽惠,黄丽清.考虑围岩蠕变特性的轴对称有限元非线性分析[J].水利学报,2001,32(1):85-89.

[141] 周辉,张传庆,冯夏庭,等.隧道及地下工程围岩的屈服接近度分析[J].岩石力学与工程学报,2005,24(17):3083-3087.

[142] 高丽燕,于广明,赵建锋,等.材料破坏准则下的屈服接近度分析与应用[J].重庆大学学报,2016,39(5):73-81.

[143] DIEDERICHS M S,KAISER P K,EBERHARDT E. Damage initiation and propagation in hard rock during tunnelling and the influence of near-face stress rotation[J]. International journal of rock mechanics and mining sciences,2004,41(5):785-812.

[144] 赵尚毅,郑颖人,张玉芳.极限分析有限元法讲座:Ⅱ 有限元强度折减法中边坡失稳的判据探讨[J].岩土力学,2005,26(2):332-336.

[145] 王栋,年廷凯,陈煜淼.边坡稳定有限元分析中的三个问题[J].岩土力学,2007,28(11):2309-2313.

［146］李典庆,肖特,曹子君,等.基于极限平衡法和有限元法的边坡协同式可靠度分析[J].岩土工程学报,2016,38(6):1004-1013.

［147］宋二祥.土工结构安全系数的有限元计算[J].岩土工程学报,1997,19(2):1-7.

［148］MANZARI M T,NOUR M A. Significance of soil dilatancy in slope stability analysis[J].Journal of geotechnical and geoenvironmental engineering,2000,126(1):75-80.

［149］连镇营,韩国城,孔宪京.强度折减有限元法研究开挖边坡的稳定性[J].岩土工程学报,2001,23(4):407-411.

［150］郑宏,李春光,李焯芬,等.求解安全系数的有限元法[J].岩土工程学报,2002,24(5):626-628.

［151］陈倩倩.基于强度折减有限元法的边坡失稳判据研究[D].西安:长安大学,2015.

［152］陈远川.有限元强度折减法计算土坡稳定安全系数的研究[D].重庆:重庆交通大学,2009.

［153］栾茂田,武亚军,年廷凯.强度折减有限元法中边坡失稳的塑性区判据及其应用[J].防灾减灾工程学报,2003,23(3):1-8.

［154］DAWSON E M,ROTH W H,DRESCHER A. Slope stability analysis by strength reduction[J].Geotechnique,1999,49(6):835-840.

［155］谢新宇,冯香,吴晓明.应变软化土坡渐进破坏的可靠度分析[J].岩土力学,2015,36(S2):679-684.

［156］杨光华,钟志辉,张玉成,等.用局部强度折减法进行边坡稳定性分析[J].岩土力学,2010,31(S2):53-58.